强者思维

刘红燕 朱烨 编著

中国纺织出版社有限公司

内 容 提 要

一个人只有具备强者思维，才能积极向前、无所畏惧，才能成为生活的强者、人生的赢家，才能在人生路上无论遇到什么情况都能心无旁骛、努力向前，并获得成功。

本书是一本训练强者思维的课程，它结合成功者的实例和心灵感悟，内容通俗实用、可读性强，引导读者学会积极向上和进取，学习如何将智慧融进思维里，帮助读者真正做到自立自强、戒骄戒躁，从而更加积极地寻找幸福。如果你还在为如何开创成功的人生而苦恼，阅读这本书会令你豁然开朗，明白成功的秘诀。

图书在版编目（CIP）数据

强者思维 / 刘红燕，朱烨编著. --北京：中国纺织出版社有限公司，2024.12
ISBN 978-7-5229-1705-4

Ⅰ.①强… Ⅱ.①刘… ②朱… Ⅲ.①思维方法 Ⅳ.①B804

中国国家版本馆CIP数据核字（2024）第078812号

责任编辑：李　杨　　责任校对：王蕙莹　　责任印制：储志伟

中国纺织出版社有限公司出版发行
地址：北京市朝阳区百子湾东里A407号楼　邮政编码：100124
销售电话：010—67004422　传真：010—87155801
http://www.c-textilep.com
中国纺织出版社天猫旗舰店
官方微博 http://weibo.com/2119887771
天津千鹤文化传播有限公司印刷　各地新华书店经销
2024年12月第1版第1次印刷
开本：880×1230　1/32　印张：7
字数：118千字　定价：49.80元

凡购本书，如有缺页、倒页、脱页，由本社图书营销中心调换

前 言
PREFACE

引领我们走向成功的思维力量

生活中，平凡的你是否有经常有这样的困扰：为什么有些人天生就拥有优渥的生活，而我却只能是个普通人？为什么我付出了那么多努力，却依然一事无成？工作的压力为何如此沉重？为何我的孩子们总是不听话？为何别人的生活看起来总是那么美满……这些困扰如同无形的枷锁，束缚着我们的心灵，让我们在无尽的抱怨与渴望中迷失方向，然后你产生了深深的无力感……

其实，这些困惑和无力感的根源在于我们内心的"弱者思维"。所谓"弱者思维"，是一种将自己置于被动、依赖地位的思维方式，它让我们总是期待着外界的救赎，而不是去主动寻找解决问题的方法。这种思维方式让我们陷入盲目的攀比和抱怨，让我们在生活的阴影中徘徊。

相反，拥有"强者思维"的人，能够洞察世界的客观规律，以积极、主动的态度去面对生活的挑战。他们不依赖他人，而是勇敢地创造和开拓，成为自己命运的主宰。每一个成功的人，都拥有这样的强者思维。他们敢于走自己的路，不畏艰难，不惧非议，始终坚守内心的信念，追求心灵的充盈。正是这种专注和坚韧，让他们能够在人生的道路上勇往直前，感受幸福，赢得成功。要改变这种弱者思维，我们需要突破内心的障碍，战胜自己的偏见、固执和懒惰。这是一个艰难的过程，但只有通过这样的自我征服，才能真正地实现自我成长和进步。

这本书是一把钥匙，能够重启我们智慧的大门。它告诉我们，真正幸福、成功的人生源于强者思维。通过学习和实践成功人士的思维模式、吃苦精神以及卓越的智慧等，我们能够逐步培养自己的强者思维，从而在生活中取得更好的成就。

本书不仅提供了丰富的成功理念，还从实践的角度出发，详细阐述了成功人士是如何运用思维的力量攀登人生顶峰的。内容通俗实用、易于理解，适合广大年轻读者阅读和学习。在这个过程中，愿本书能成为你人生旅程中一位值得信赖的导师，引导你走向成功之路，这也是我们编写本书的初衷。

所以，不要再让弱者思维束缚你的心灵，勇敢地追求强者思维吧！只有这样，我们才能真正地掌控自己的命运，活出自己的价值，实现内心的渴望和梦想。让这本书成为你人生旅程中的一盏明灯，照亮你前行的道路，活出你生命本有的美好。

编著者

2024年2月

目 录
CONTENTS

1 第一章
在强者的世界，人必须要主动出击

趁着年轻，努力提升自己的价值　　　　　003
井底之蛙，永远看不到外面辽阔的世界　　006
心中有梦想，就能找到自己的方向　　　　009
敢于破釜沉舟，才会置之死地而后生　　　012
主动出击，绝不被动等待命运的赏赐和青睐　015

2 第二章
强者的人生，自己做选择自己决定

精准定位人生，才会勇往直前　　　　　　021
要有自己的主见，别被别人牵着鼻子走　　025
把控自己，不要被他人左右　　　　　　　029
既已选择，就要承担起责任　　　　　　　031
说到做到，兑现自己的承诺　　　　　　　035
有成功潜质的人，总能不断反思自己　　　038

强者思维

3 第三章
真正的强者，喜欢用行动品尝人生

立即去做，改掉拖延的恶习　　　　　　　　045
瞻前顾后，大好的机会就浪费了　　　　　　048
不付出行动，只能一无所获　　　　　　　　051
立刻行动，才是强者思维的体现　　　　　　054
将小事做到极致，你就成功了　　　　　　　057
完成艰巨的任务，可以将大目标分解为小目标　061

4 第四章
经营自己，把注意力放在自我提升上

不对自己狠一点，你怎能蜕变　　　　　　　067
沉下心来的人，思维富有高度的弹性　　　　070
真正的强者，只关注自己而不嫉妒他人　　　072
行动，比语言更能让人信服　　　　　　　　074
你要做最好的自己，散发自己独具特色的光芒076
面对贫穷的绝望，总有人能勇敢向前　　　　079
经营你的天赋，人生就不再平庸　　　　　　081

5 第五章
唯有折腾过、尝试过，人生才能不后悔

勇敢尝试，给自己一个新的选择　　　　　　087

目 录

所谓的机遇，来自于你的创造 090
谋事在人，成事在天 093
不放弃每一个机会，人生才有多种可能 095
不怕折腾，才不会在安逸中沉沦 097
绝不犹豫，果断才能出强人 101

6 第六章
强者绝不服输，成功只属于坚持到最后的人

坚持下去，成功只属于冲刺到终点的人 107
持续积累，终能成就惊人的伟业 110
机遇永远不会垂青半途而废的人 115
惊喜，来自于绝不放弃的执着 118
善始善终，每一步都走得扎扎实实 120
笃定初心，才能活出自己想要的精彩人生 124

7 第七章
保持努力，主动求变才是真正的强者

生于忧患，死于安乐 131
改变思路和方法，才能适应外在的变化 134
承认自己的平凡，但不能甘于平庸 136
坚持与努力，绝不随波逐流 139
告别安逸，主动走出舒适区 142
幸运，往往更青睐于努力的人 145

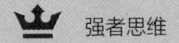

| 增强自信，不断告诉自己"我能行" | 147 |

第八章
拥有强大的内心，就拥有无穷的力量

想战胜自己，首先要了解自己的内心	153
强者，绝不会任由情绪控制	156
顺着光亮前进，人生便会豁然开朗	159
你需要始终相信和肯定自己	162
信念，让你拥有源源不断的力量	166
输给内心的恐惧，你就真的输了	169
坦然面对失去，才能无所畏惧	172

第九章
独立思考，锻炼真正的强者思维

与时俱进，不断学习和接纳新事物	177
多角度看问题，才能找到客观理智的思路	179
强者，拥有灵活的头脑和卓越的思维	182
积极的心理暗示，能让你做到正面思考	184
真正的竞争，是思想的较量与博弈	186
不断创新与尝试，才能找到解决问题的方法	189
独立思考，善于运用逻辑思维	191

10 第十章
精准定位，不做无畏的浪费

确立方向，人生才不会南辕北辙	197
用脑去想，用心去做	200
方向不对，路走得再多也是徒劳	202
强者，善于用自己的思想指导行动	204
做足智慧积累，不要指望临时抱佛脚	207
树立正确的理念很重要	209

参考文献	213

第一章

在强者的世界,
人必须要主动出击

第一章　在强者的世界，人必须要主动出击

趁着年轻，努力提升自己的价值

对工作，很多人都缺乏正确的认知，总觉得工作的目的就是挣钱养家糊口，就是让自己早晨起床之后有地方去，夜幕降临之时有地方回。实际上，工作的意义绝不这么简单。还有人觉得工作就是为人民服务，就是造福全世界。不得不说，和前者的粗浅相比，后面的解释又有些脱离实际了。作为普通人，我们既不应该像前一种说法那么庸俗和被动，也不应该像后一种说法那么光辉和高尚。这个世界固然有思想境界极高的人，但毕竟是少数。

作为普通人，既要为了养家糊口工作，也要为了实现人生的理想而奋斗。所谓理想，尽管要接地气、要切实可行，却也不能过于琐碎。有人说，艺术来源于生活而高于生活，我们也要说，理想建立在现实的基础上，也要高于现实。尽管可以把工作和薪水、奖金等联系起来，但也不能忘记奋斗的目的和意义。奋斗，不仅仅是为了赚取金钱，因为一味地讲究金钱的回报，或者会让人的内心深处变得疲惫，或者会让人因为对金钱的麻木而倦怠。比起金钱，使命、远景和梦想，更能激发起人的斗志，让人始终满怀激情、意气风发。作为普通人，要想让人生拥有永久的动力，我们就要以使命和梦想激发自己的力量，让自己始终充满活力，哪怕遇到艰难坎坷也绝不放弃。

现代社会，人心变得越来越浮躁，不少人一切都向钱看，似乎工作的目的和意义只是为了赚钱，而不是为了实现自己的使命或让梦想变成现实。在如此浮躁心态的影响下，很多人采取各种方式加入一些高薪行业，然而在赚取一些钱或者工作一段时间之后，却因为没有对工作的热爱作为支撑，而越来越懈怠，也根本不可能有杰出的表现。渐渐地，他们不得不放弃努力，也不愿意再激发出自身的潜能，从而有所收获和成就。如同很多人所说的那样，钱虽然不是万能的，但是没有钱却是万万不能的。归根结底，金钱并非是人生唯一的追求，更不应该成为每个人唯一牵挂的东西。虽然很多情况下，人们会以职位和收入作为衡量一个职场人士是否成功的标准，但是唯独不断地带着梦想向前，我们才能在人生的道路上发挥全部的力量，也能竭尽所能创造人生的奇迹。唯有如此，人生才会了无遗憾；也唯有如此，人生才能从容淡然，有所成就。

大学毕业在即，雅琪最想加入一家在行业内赫赫有名的广告公司，发挥自身的能力与热情，也让自己找到人生的舞台。为此，早在几个月前，雅琪就向那家广告公司投递了简历，

第一章 在强者的世界，人必须要主动出击

还在招聘会上特意与招聘负责人见了面，当面沟通过。幸运的是，雅琪很快就收到了那家公司发来的聘用通知书。原本，雅琪觉得是自己所学的广告策划很适合该公司，殊不知，该公司的招聘负责人其实是对雅琪产生了好奇心，他想验证一下雅琪在求职信上写的"不怕苦，不怕累，不管什么岗位，我都会全力以赴去做"是否能真正实现。也许是为了考验雅琪吧，人力资源部果然给雅琪安排了任重而道远的职位——公司的最底层，工作十分繁重，薪水却很低。面对这样的状况，很多初入公司的新员工只坚持了几个月，最多的也不过半年，就陆陆续续辞职了。唯有雅琪，始终坚持工作，始终不遗余力地努力奋斗。

转眼之间，3年过去了，雅琪在不断的历练中已经成为了全能型人才。在公司内部的一次竞聘会上，她凭着优秀的工作表现和不俗的谈吐，顺利晋升为部门主管。对此，雅琪感慨地说："人家都说十年磨一剑，我用了整整3年的时间，终于为自己打造出了剑柄。"有一次，雅琪遇到以前辞职的同事，才知道那个同事辞职后辗转好几家公司，如今还是一家公司的新员工呢！再想想自己的经历，雅琪不由得为自己感到骄傲。

人生就是一次奋斗的旅途，尤其现代职场竞争越来越激烈，压力越来越大，唯有打起精神，不遗余力地去拼搏和奋斗，才能在人生之中收获更多，才能实现梦想。实际上，工作

的意义绝不仅仅是赚取薪酬、得到晋升，而是得到比金钱更珍贵的经验，以及价值无限的人生。只有摆正心态，坚定不移地向着目标前进，即使面对十字路口，也不忘初心，朝着终极目标奋进，我们才能勇往直前，真正获得梦寐以求的人生。

正所谓不忘初心，方得始终，如果一个人面对工作时轻而易举就忘记了自己的初心，也不知道人生要如何努力才能更加奋发向上，那么他们必然会迷失在海洋中，也会因为心中的郁郁寡欢而沉沦。对年轻人而言，年轻固然是一种资本，但越是年轻，越要沉淀浮躁的心态，从而努力提升自己的价值，实现人生的意义。

井底之蛙，永远看不到外面辽阔的世界

很久以前，有只小青蛙一直生活在井底，因为没有见识过井外的天地，所以它怡然自得，觉得井底有水、有青苔，还有各种浮游生物作为美食，日子简直快乐得赛过神仙。有一天，下了大雨，另一只青蛙被雨水冲到了井底，它告诉井底之蛙外面的世界多么辽阔，但井底之蛙根本不相信。后来，在新来青蛙的鼓动下，井底之蛙才下定决心跟着打水的水桶离开井底。

第一章 在强者的世界，人必须要主动出击

当到达地面的那一刻，它不由得目眩神迷，觉得难以置信，原来地面上的世界这么大，大到一眼看不到边。

现实生活中，也有很多人和井底之蛙一样，只局限于自己的小天地之中，根本不知道外面的世界有多么辽阔和博大。他们眼界狭窄，既不愿意改变自己现在的生活，也不愿意接受新的生活。等到明白自己终究是不知道天大地大的时候，他们才会离开井底，也才会无奈地面对未来。其实，与其被动地接受新生活，不如主动地迎接新生活。唯有如此，人生才能有更加开阔的天地，也才能有更多的可能性。井底之蛙最可怕的不是不知道外面的天地有多么宽广辽阔，而是深陷这种狭窄和逼仄却不自知。这就像是一个人要改正错误，必须首先要知道自己犯了什么错误，才能积极地改正，否则如果根本不知道自己的错误何在，还谈何改正错误呢？任何时候，人都要有自知之明，才能获得更好的发展，这是必然的。

当然，人生总是处在一个不断选择的过程中。有人说，人生是在错误中成长的，其实错误也是因为选择不当而导致的，因此也可以把人生归结为在选择中成长。对于人生，要想在每一次选择的时候都做出最正确的决定，就要坚持不懈、砥砺前行，从而才能在未来的时候无怨无悔。很多朋友之所以犹豫不决、迟疑不定，不敢做出选择，是因为他们害怕，生怕自己无法承担未来的责任。实际上，从辩证唯物主义的观点看，凡事

都有两面性，既有可能出现好的结果，也有可能出现不好的结果。唯有不断地努力进取，才能争取到好的结果；也唯有坚强勇敢，才有胆识和气魄承受不好的结果。总而言之，没有人能保证自己做出的每一个选择都是正确的。既然整个时代都是瞬息万变的，我们唯一能做的就是把该做的事情做好，这样才能以不变应万变。

还有很多人贪图安逸，不愿意离开熟悉的生活环境和已经适应的安逸生活，完全忘记了生命的时光是非常短暂的。任何时候，生命都不可能重新来过，所以，每个人都必须抓住各种机会全力以赴地发展，才能在成长的过程中不断地崛起、坚定地进步。常言道，旧的不去，新的不来，人生的状态也是如此。只有彻底放弃旧有的生活模式，改变人生的糟糕状态，才能在不断努力进取的过程中收获更多、成长更多。否则，人生就会陷入困厄之中，就会止步不前，最终注定要退步。

很多人都喜欢爬山，是因为当到达山巅的时候，他们就会拥有更加开阔的视野，也会看到远处的风景。也有的人觉得疲惫，不愿意那么辛苦地攀登，这就注定他们只能停留在山脚下，或者只能在半山腰看看眼前的景色。人生没有捷径，成功不会从天而降。朋友们，从现在开始脚踏实地地努力吧，也许你每次只能进步一点点，但只要坚持不懈，就能够积小流以成江海，积跬步以至千里。

第一章
在强者的世界，人必须要主动出击

心中有梦想，就能找到自己的方向

在路易斯·卡罗尔的作品《爱丽丝漫游仙境》中，有一段猫和爱丽丝的对话，十分有趣：

爱丽丝问："请你指点我，我要走哪条路？"

猫说："那要看你想去哪里。"

爱丽丝回答："去哪儿都无所谓。"

猫说："那么走哪条路也就无所谓了。"

这一对话寥寥数语，却耐人寻味。任何人，在心中无梦想、无目标的情况下，自己不知道该怎么走前面的路，别人也无法帮助你，当自己没有清晰的梦想时，也就没有努力的方向。

我们在生活中，经常听到人们说"思想有多远，就能走多远"，这句话虽然有点夸张，却道出了思想对行动的指导作用。同样，一个人能走多远，关键也取决于我们的思想，也就是说你是谁不重要，重要的是现在的你正在为了成为怎样的人而努力。如果你心中有梦想，就能找到自己的方向，就能制订出明确的目标，并为实现自己的目标而奋斗，才能成为你想成为的人。

有一个简单的故事，蕴含了深刻的道理，它告诉我们忠于梦想对一个人的行动和未来是多么重要。

从前，在一个生意人的家里，有一匹马和一头驴子，它们俩是很好的朋友。马一般给家里驮东西，而驴子平时都在磨坊里磨麦子。

这天，生意人要出远门做生意，需要马驮东西，所以这匹马顺理成章地被主人选中了。

出发之前，马来看它的好朋友，顺便道别，这一别就是十年。十年之后，这匹马驮着满满的金银财宝回到了府里，回到它当年的好朋友驴子的磨坊里，发现驴子还在。它们两个就一起诉说这十年的经历。这匹马就讲它这十年的所见所闻，它见到了非常浩瀚的沙漠、一望无边的大海，去到一条木头浮不起来的河叫黑水河，去到一个只有女人、没有男人的地方叫女儿国，去到一个鸡蛋放到石头上能够烤熟的地方叫火焰山……讲了很多很多。这头驴子听完说："你的经历可真丰富呀！我连想都不敢想！"

这匹马就问："我走的这十年，你是不是还在磨麦子呀？"

这头驴子说："是呀！"

这匹马问它每天磨多少小时，驴子回答说8小时。

马说："我和主人平均每天也走8小时，我这十年走的路程和你走的路程是差不多的。可关键在于，当年我们朝着一个非常遥远的目标，这个目标有多遥远呢？远到根本看不到

第一章 在强者的世界，人必须要主动出击

边，可是我们方向明确，始终朝着目标迈进，最后才获得金银满钵。"

我们在笑话驴子的同时，是否也应该反省一下自己呢？实际上，很多人就过着和故事中的驴子相似的生活，每天工作8小时，每天都重复着同样的工作，每天的工作就是在原地转圈圈，毫无建设性的进展。就这样安于现状，十年、二十年之后，当周围的人已经步入成功的殿堂，他还在原地打转。而有些人，没有甘于围着磨盘打转，他们有梦想有目标，并认准目标一直向前走，即使因为种种原因走了弯路，但大方向是不变的，因为梦想在前方指引着他们，他们知道，那才是他们的目标。

的确，梦想可以燃起一个人所有的激情和潜能，载他抵达辉煌的彼岸。我们每个人，都要在年少时就为自己树立一个梦想，而最重要的是，无论你拥有怎样的理想，都不要轻易舍弃它。只有坚持，只有奋力拼搏，最终你才能用自己的力量创造自己美好人生。

也许你现在还没有荣华富贵，被周围的人嘲笑，也许你承受了很多痛苦，但无论你遇到什么，如果你内心有目标，就绝不可轻言放弃。

敢于破釜沉舟，才会置之死地而后生

可以说，每一个人的心中都心存梦想，都有自己向往的生活，可如果你畏首畏尾、只是幻想而不付诸实践的话，那么就只能在一片幻想的迷途中越陷越深。成功与胆量有着莫大的关系，有胆量的人才有资格拥有成功。那些在取得了一点成就后就安于现状的人，最终只能陷于平庸。有胆量、敢于破釜沉舟的人，才会置之死地而后生，实现新的突破，才能绝不认输，奋战到底。

事实上，"勇敢"是任何一个成功者必不可少的品质。要获得成就有很多必要条件，其中一点非常重要，那就是勇气。然而，我们发现，现实生活中有这样一些人，他们刚开始时满怀理想，但在社会上打拼几年后，往往就在时间的消磨下失去进取的锐气，无奈地满足于眼前的一切。

看那些成功者的历史，我们不难发现，他们即使到了山穷水尽的地步，也没有失去勇气，反而会选择背水一战。尽管他们知道前面的路也十分艰险，但他们更知道，不冒险就无法取得任何成功。没有这一步，人生就是一潭死水，淹没的是一个人的挑战性和创造性。

哲人说，自己是最大的敌人，人有时最难突破的，就是自身的局限性。这就是为什么我们会发现，那些处于困境中的人

第一章
在强者的世界，人必须要主动出击

最终会更有作为。想迈开脚步大干一场，又不舍得抛开自己现有的温饱，如此瞻前顾后，必定无所作为。

日本著名的早川电机公司因为生产著名的夏普电视机而闻名于世，其董事长早川德次是一个命运坎坷的人，小的时候常常吃不饱、穿不暖，他不得不早早辍学，去当童工赚取生活费。

早川是个坚强的人，在很小的时候，他就告诉自己："即使没有疼爱我的长辈，我也一定要努力生活，做出一番成绩。"

早川始终认为，不能一切都要靠别人，一定要自己多学习，多思考。于是，从那以后，他开始留心技术活，尤其是当老板找他帮忙时，他都尽量多看、多想，这样，他终于靠自己的努力学到了很多知识和技能。

功夫不负有心人，他成为了一个心灵手巧的人，他18岁就发明了裤带用的金属夹子，22岁时发明了自动笔。有了发明之后，老板资助他开了一家小工厂。

他发明的自动笔很受大众喜爱，风行一时。世界没有给他任何东西，但他却给世界很多。30岁时，在他赚到1000万日元以后，就把目标转向收音机界，在此之后创立了世界闻名的夏普公司。

早川德次为什么能够成功？正是因为他能够把梦想付诸实践。也许现在的你有很多梦想，你可能希望自己能成为一个著名企业家、一名人民教师、一位歌唱家等，但无论如何，你要知道，理想不同于妄想和幻想，一定要有勇气，敢于追逐自己的梦想，只要立即去做，这样就离梦想不远了。

生活中，人们都渴望得到成功，渴望开创自己的事业，但每每考虑到会有失败的可能，他们就退缩了，因为他们怕遭到别人取笑；他们不敢否认，因为害怕自己的判断失误；他们不敢向别人伸出援手，因为害怕一旦出了事情而被牵连；他们不敢暴露自己的感情，因为害怕自己被别人看穿；他们不敢爱，因为害怕要冒不被爱的风险；他们不敢尝试，因为要冒着失败的风险；他们不敢希望什么，因为他们怕失望……这些可能会遇到的风险，让那些不自信的年轻人们畏首畏尾，举步维艰；他们茫然四顾，不知道自己的出路在何方。殊不知，人生中最大的冒险就是不冒险，畏首畏尾只会让自己的人生不断倒退。

每个人都要记住，在现代社会，没有超人的胆识，就没有超凡的成就。在这个时代，墨守成规，缺乏勇气的人，迟早会被时代抛弃。处处求稳，时时都给自己留有退路，这是一种看似稳妥却充满潜在危机的生存方式。作为年轻人，要想拥有自己想要的生活，就要勇敢地走上心中向往的那条路，并且一直坚持走下去。

第一章 在强者的世界，人必须要主动出击

主动出击，绝不被动等待命运的赏赐和青睐

很多时候，我们的人生之所以庸庸碌碌，并非因为我们缺乏好的创意和金点子，而是因为我们缺乏主动进取的精神。没错，每一个成功者之所以有如今的辉煌成就，并非因为他们得到了命运的特殊眷顾，而是因为他们具有积极主动的精神，从不被动地等待命运的赏赐和青睐，而是主动发起进攻，从而帮助人生赢得更多千载难逢的好机会。

很多朋友都知道，人生经不起等待。人生看似漫长，实际上只是弹指一挥间。一不经意，我们的人生就会如同白驹过隙，转瞬即逝。既然如此，我们要知道很多机会都是千载难逢的。机会从不等待人，更不会眷顾谁。任何人要想抓住好机会，就必须做好准备，随时随地等待人生的机遇。在这种情况下，我们更要把握人生，让人生变得主动、从容。任何时候，追求成功者都不要怕累，更不要害怕付出。要知道，在人生的长河中，我们每一次艰难的付出，最终都会沉淀，成为我们人生最终的积累和历练。因此，唯有主动，我们才能争取抓住更多的机会，才能比别人多创造一些成就，才能让人生变得更加灿烂辉煌。遗憾的是，如今社会上的很多年轻人都习惯了衣来伸手、饭来张口的生活，他们从小就被家人捧在手心里长大，已然不知道如何才能更主动地面对人生。虽然他们渐渐长大、

成熟，走入社会，进入职场，但是惰性难改，最终眼睁睁地与好机会失之交臂，根本承担不起属于自己那份沉甸甸的责任。

从古至今，所有成功人士获得成功都不是一蹴而就的。为了成功，他们日积月累，坚持不懈地付出，最终才能取得傲人的成绩。每天多做一点点，这句话也许说起来很容易，但是做起来却很难。毋庸置疑，人人都想抓住眼前的片刻安闲，让自己生活得舒适惬意，等到他们书到用时方恨少时，却已经为时晚矣。其实，人生的积累和读书学习相差无几。例如，一个好学生，绝非努力用功一节课或者一天，甚至是一周，哪怕是一个月，就能让成绩突飞猛进的。大多数好学生，都有着良好的学习习惯，也许他们在某个节点上看起来学习轻松，毫不费力，但是他们每天都在坚持为了学习而付出，因而最终才能学有余力，学得轻松、惬意。现实生活中也是如此，我们无论做什么事情，在有能力的情况下不如未雨绸缪，这样也就避免了面临事情措手不及。

美国标准石油公司是洛克菲勒一手创办的，是当时世界上最大的石油生产公司，每桶石油的价格为4美元。因此，公司的宣传用语为：标准石油每桶4美元。当时，阿基勃特还只是石油公司最普通的推销员，因此，他无论是外出出差住旅馆，还是去商场购物，抑或是去饭店用餐，甚至包括给亲戚朋友写信，只要需要他签名，他就从未忘记把"标准石油每桶4美

第一章 在强者的世界，人必须要主动出击

元"这句宣传语写在自己的签名下。日久天长，知道他习惯的同事们，都调侃他为"每桶4美元"。

有一天，洛克菲勒从下属口中得知此事，感到非常惊讶，也很兴奋。因此，他当即让秘书邀请阿基勃特与他一起共进晚餐。用餐时，他问阿基勃特："你认为你有必要一天二十四小时都为公司宣传吗？"阿基勃特毫不迟疑地回答："当然，这完全是举手之劳。即便不是在工作时间里，我同样也是公司的员工啊，我每多写一次这句话，就有更多的人知道我们石油公司。也许一次两次的宣传没有明显效果，但是时间长了，就会有更多的人知道我们公司。"这番话使得洛克菲勒非常欣赏阿基勃特，开始用心栽培他作为自己的接班人。果然，等到洛克菲勒五年后卸任时，他没有让儿子继承他的职位，而是选择阿基勃特作为自己的接班人。这个决定，让所有人都十分意外。

实际上，洛克菲勒把职位交给阿基勃特并非不可理解。一个人如果能够时刻都把公司放在自己的心里，那么他必然得到老板的认可和赏识。石油公司后来的发展证明，洛克菲勒把职位传承给阿基勃特是完全明智的。朋友们，我们必须把自身当成是人生的主宰，以主人翁的身份博弈人生，才能得到人生的丰厚回报和馈赠。

也许有朋友会说，阿基勃特只是把那几个字写在签名下而已，这轻而易举。的确，一次两次写下这样一行字的确轻而易

举，但是长年累月、坚持不懈地为公司宣传，就实属难得。如果我们羡慕阿基勃特的幸运，就要从现在开始做到积极主动地面对人生，这样才能彻底改变命运，成就人生的辉煌。

第二章

强者的人生，自己做选择自己决定

第二章
强者的人生，自己做选择自己决定

精准定位人生，才会勇往直前

不管我们处于人生的哪个阶段，定位都是至关重要的。对任何人而言，假如人生没有定位，梦想就会失去方向，人生也会如同无头苍蝇一样忙乱地处处碰壁。很多人都知道，当船只在漫无边际的大海上航行时，必须通过罗盘定位，才能坚持朝着目的地不断行进。人生也如同海上的航船，而且和船只一样，会遭遇狂风大浪、疾风暴雨。在这种情况下，一味地退缩根本毫无用处，要想坚定不移地驶向目的地，我们就必须排除万难，勇往直前。这就需要我们准确定位人生。

现实生活中，很多人都混淆了定位与梦想。的确，从某种意义上说，定位和梦想有着相似之处，然而，定位又不同于梦想。梦想是对人生的憧憬，定位却要求我们对人生进行精准的把握和操控。不管是在生活中，还是在工作中，我们都需要对自己的人生进行定位，才能避免偏颇。此外，在对自己的人生定位时，我们还要理智地思考，如客观评审自己的条件，分析自己的优势和劣势，如此才能理智地定位。和梦想的抽象模糊不同，定位更加精确，也要求我们稳、准、狠地把握人生。一个人在成功定位自己之后，能够既有长期目标，也有短期目标，而且对自己如何实现这些目标也能做到胸有成竹。由此可见，定位对我们人生目标的实现至关重要。一个人只有准确定位自己的人生，才能向着未来不断努力，更竭尽所能地实现自己的人生。

松下幸之助出生在一个贫穷的家庭里，他很小就要为了养家糊口而四处奔波。长大之后，年轻的他去了知名的电器公司求职。然而，因为他又瘦又小，而且穿着脏兮兮的衣服，所以招聘负责人当场拒绝了他："我们已经招满了，你过段时间再来吧！"

其实，招聘负责人完全是在推脱松下幸之助，但是过了一段时间，松下幸之助真的回来了。无奈，招聘负责人只好又随便找了个借口，打发松下幸之助离开。然而，松下幸之助毫不气馁，隔了几天再次到访公司。看到松下幸之助如此执着，招聘负责人只好无奈地告诉他真相："你的穿着实在太邋遢了，形象太差，我们公司不会聘用你的。"听到这句话，松下幸之助丝毫没有气馁，反而高兴地离开了。几天过去，他穿着借钱买来的新西服，再次来到公司。招聘负责人难以置信地看着他，说："你根本不懂得电器知识，不符合我们的招聘要求。"对此，松下幸之助依然不气馁，而是当机立断，报名参

第二章
强者的人生，自己做选择自己决定

加了培训班，学习电器知识。两个月后，衣冠整齐、熟悉电器的松下幸之助才再次出现在招聘负责人面前，招聘负责人被他的坚持不懈感动了，说："我负责招聘这么多年，从未看到任何求职者像你一样。"

就这样，松下幸之助如愿以偿地进入那家公司，开始了自己崭新的人生。若干年后，松下幸之助已经成为日本大名鼎鼎的松下公司的创始人。这段时间，公司正好要招聘一批销售人员，足足有几百个人报名。报名分为笔试和面试两个部分，经过层层筛选，最终有十名优秀的应聘者进入公司的录用名单。看完名单，松下幸之助有些疑惑，因为在面试过程中，他对一个叫神田三郎的应聘者印象深刻，但他并不在录用名单内。相关工作人员马上核实，发现神田三郎的成绩的确名列前茅，只是因为计算机在统计过程中出现错误，所以才遗漏了。为此，松下幸之助要求负责人马上给神田三郎发聘用通知，改正错误。

次日，负责人报告松下幸之助，神田三郎因为没有接到聘用通知书，居然跳楼自杀了。对于这个难得的人才，负责人很懊悔，然而松下幸之助知道事情的真相后说："幸好我们没有聘用他，他心理承受能力居然这么差，根本不足以担任销售工作。"

在这个事例中，松下幸之助找工作时先是被莫名其妙地拒绝了好几次，但是他从未放弃希望，而是坚持不懈地尝试和努力。后来，他又被招聘负责人挑剔出很多缺点，他也毫不气馁，而是积极地改进自己。最终，他坚韧不拔的毅力感动了招聘负责人，对方最终决定给他机会，让他实现自己的理想。可以说，松下幸之助对自己人生的定位非常明确，他只能通过努力工作，才能改变命运。然而，神田三郎就没有那么幸运了，只是一次意外的打击，他就放弃了自己年轻而有才华的生命，不由得让人感慨唏嘘，也让松下幸之助看到他脆弱的心灵和对人生的迷茫无知。

  人生在每个阶段，都应该顺应形势，对自己进行不同的定位。如在小学阶段，我们的目标也许是成为三好学生，得到老师的欣赏和喜爱；在高中阶段，我们梦想着能够考入心仪的大学，从父母的身边飞走，开始自己崭新的人生；在工作中，我们希望自己能够更加努力，出类拔萃，从而成就自己的事业；在谈婚论嫁的年纪，我们梦想着找到心仪的意中人，携手度过幸福的人生……总而言之，我们在每个阶段都有自己的定位，正是这些具体的目标激励着我们在人生路上不断前行，也帮助我们成就自己。

第二章
强者的人生，自己做选择自己决定

要有自己的主见，别被别人牵着鼻子走

自古至今，成功的人有一个相同之处，那就是敢于坚持己见，有自己的想法，并果断地做出自己的抉择。有主见才能突破前方的障碍，打开成功的大门；那些没主见的人，只会人云亦云，什么时候都被人牵着鼻子走，他们不断地摇摆着自己的内心，殊不知成功已经在他们面前消失得无影无踪。

玛格丽特·撒切尔夫人，英国著名政治家，曾经连续3次当选英国首相，也是英国历史上第一位女首相。她在重大的国际、国内问题上立场坚定，做事果断，被誉为世界政坛上的"铁娘子"。

然而，撒切尔夫人并非政治天才，她的性格、气质、兴趣等都深受父亲的影响，她成功的人生源于父亲培养的独特主见和高度自信。正如后来她在当选首相时所说："父亲的教诲是我信仰的基础，我在那个十分普通的家庭里所获得的关于自信和独立的教诲，正是我获选胜出的武器之一。"1925年10月13日，撒切尔夫人出身于英格兰肯特郡格兰瑟姆市的一个杂货店家庭里。她的父亲爱好广泛，热衷于参加政治选举，撒切尔夫人受父亲的影响，博览政治、历史、人物传记等方面的书籍，从小对政治就有相当多的了解。

撒切尔夫人的家教十分严格。小的时候父亲就要求她帮忙做家务，10岁时就在杂货店帮忙。在父亲看来，他给孩子安排的都是力所能及的事情，所以不允许女儿说"我干不了"或"太难了"之类的话，借此培养孩子独立的能力。父亲常谆谆告诫她千万不要盲目迎合他人，并经常灌输给她"自己要有主见，不要人云亦云"的道理。因此，撒切尔夫人从小就学到了很多关于自信和独立有主见的道理。

撒切尔夫人入学后，她的阅历和想法不断丰富，当看到同学们自由地玩耍和嬉戏时，她觉得小伙伴们有着比自己更为自由和多彩的生活。她开始羡慕朋友们一起在街上游玩，一起做游戏、骑自行车；也开始向往周末能和小伙伴们一起去春意盎然的山坡上野餐。终于有一天，她把自己的想法告诉了父亲，期待能得到父亲的同意。然而，父亲却沉着脸并严厉地对她说："孩子，你必须有自己的主见！不能因为你的朋友在做什么事情，你就也去做同样的事情。你要自己决定你该做什么，千万不能随波逐流。"

听完父亲的话，撒切尔夫人默默地低下了头，不吭声。见到女儿不说话，父亲缓和了语气，继续劝导女儿："宝贝，不是爸爸限制你的自由，而是你应该要有自己的判断力，有自己的思想。现在是你学习知识的大好时光，如果你想和一般人一样，沉迷享乐，以后将会一事无成。我相信你有自己的判断力，你自己做决定吧。"

第二章
强者的人生，自己做选择自己决定

父亲的一席话深深地印在了她的脑海里。她想："是啊，为什么我要学别人呢？我有很多自己的事要做，刚买回来的书我还没看完呢。"于是她不再想着和同学们去游玩，而是潜心学习，积极进取。

是的，无论如何我们都要保持自己的想法，不能看别人做什么我们就为之心动，随波逐流。每个人都是独立的个体，每个人都有自己独特的想法，我们要明白自己的使命，要看清人生的方向，无论何时都要自己拿定主意。

转眼间丽丽就要中考了，此时身边的同学们对升学有着不一样的看法，就连她的宿舍里也产生了几派不同的想法。张萌想考中专，林夕想考技校，李晓想考职高，陈寒想考高中……这时候人的内心可以说是比较浮躁的，她们感到很迷茫，与家里的想法也不太一致，所以都在纠结着。丽丽一直想考重点高中，因为只要考上了重点高中，就等于迈进了大学门槛，她的愿望就是上大学。那时，丽丽家住在一个小镇，经济不发达，人们的观念还比较保守。

丽丽有一个邻居，丽丽平时称呼她为王阿姨。王阿姨经常去她家串门，当王阿姨在与她妈妈闲聊得知丽丽要考重点高中时，就说："老姐呀，一个女子念那么多书干啥？没必要有太高的学问，识几个字，将来找个好婆家就行了，干事业、挣钱养家是男人的事。何况，女子将来都是人家的人，供她念书那不是白花钱吗？早点上班，还可以多为家里挣几年钱。"听了王阿姨的一番劝说，丽丽妈妈有些动摇了，不再支持女儿考高中，而要她考技校，或者去工厂打工。

妈妈的决定让丽丽心里十分难过，她对妈妈说："妈妈，请您给我一次机会吧，如果我考不上，我就去打工，补贴家用。"妈妈看到丽丽坚定的样子，就勉强同意了。虽然妈妈同意了，但丽丽的心里却依然感到十分沉重，好像压了一块巨石使她喘不过气。

此后，丽丽更加努力地读书，她决心通过自己的能力考上重点高中，让别人都看一看，女孩儿一样能考重点、上大学。后来，她以优异的成绩考上了县里最好的高中，在三年后考上了理想的大学，丽丽的愿望终于实现了。

有的人在面临打击时会丧失信心，听从他人的看法而否定了自己的才能；而有的人却会坚定自己的想法，用事实证明自己的能力。朋友们，如果此时你退缩了，那不就正好证明了他人说得是对的吗？别人的意见只是参考，而自己的方向需要自己做决定，一味的听从只会让你错失良机。不要人云亦云，也不要随波逐流，遇事想一想，多考虑考虑，对与错全在自己，即便失败了，你也不会后悔，因为那是自己的选择。

第二章 强者的人生，自己做选择自己决定

把控自己，不要被他人左右

《伊索寓言》中有这样一个故事：一个老人和一个小孩子用一头驴子驮着货物赶集。赶完集回来，孩子骑在驴上，老人跟在后面。路人见了，都说这孩子不懂事，让老年人徒步。孩子连忙跳下来，让老人骑上去。旁人又说老人怎么忍心，自己骑驴，让小孩子走路。老人听了，又把孩子抱上来一同骑。骑了一段路，不料看见的人都说他们残酷，两个人骑一头小毛驴，都快把小毛驴压死了，两人只好下来。可是人们又都笑他们是呆子，有驴不骑却走路。老人听了，叹息道："没法子了，看来我们只剩下一条路：扛着驴走吧！"

故事中的一老一少过于在意别人的看法，所以最后不知所措，他们可以说是完全被别人牵着鼻子走。是的，不管你怎么做，你都无法满足所有的人，所以说，不要让他人左右你前进的方向，做好自己，让结果不留遗憾，这就非常不错了。

每个人都要想清楚，自己的方向是靠自己控制的，前进道路的选择权也在于你自己，别人可以给你建议，但是做主的还是你自己。所以说，快乐地做我们自己吧！按照自己的意愿去做人做事，我们就不必勉强改变自己，不必费心掩饰自己。这样，人生就能少一些精神的束缚，多几分心灵的舒展；就能少一点不必要的烦恼，多几分人生的快乐与轻松。

有一个姑娘叫珊珊，从小长得不是很漂亮，身材也不曼妙，跟同龄的孩子比起来稍显成熟，因此她的内心非常自卑、敏感。珊珊很少和其他的孩子来往，她看起来非常害羞，总是独来独往。

后来，珊珊长大成人，直至结婚，她的性格也没什么变化，总是躲在自己的壳里，跟丈夫的家人也很少交流，幸好丈夫的家人都非常好，他们鼓励珊珊走出自己的世界，希望她能变得开朗，但是生活中的一切，总是令她紧张不安，她有时甚至害怕听到电话的声音。珊珊不愿意参加各种活动，对那些实在推不掉的应酬，她表面上看着比较高兴，眼神里却总是充满着恐慌。珊珊很在意他人的看法，如果看到别人在窃窃私语，她就会认为大家是在议论她；如果别人多看她一眼，她就会认为对方是嫌她胖，或者嫌弃她的穿着。每一天的生活对珊珊来说都很难受，她觉得生活没有意义。

看到珊珊的现状，她的婆婆非常着急，有一次跟珊珊谈话，询问她到底怎么想的。交流一番后，婆婆明白了她的心思，也给了珊珊很多建议。最后，婆婆说："珊珊，每个人都是独一无二的，我们应该保持自我，也就是说保持自己的本色，这样你才会活得轻松快乐啊！"这句话让珊珊恍然大悟，她终于发现她总是生活在别人的世界中，用别人的眼光、别人

第二章 强者的人生，自己做选择自己决定

的模式要求自己，根本就没活出真实的自我。

从此以后，珊珊就变了。她开始重新审视自己，关注自己的想法和看法，选择适合自己的穿衣风格。她练习主动接听电话，甚至主动联系朋友，参加各种活动，虽然还是有些紧张，但是她已经能有勇气在活动中发言了。珊珊说："大家都在主动接近我，我看到他们真的很亲切，很开心。"家人们也很欣喜珊珊的变化。

爱默生在散文《自恃》中写道："每个人在受教育的过程当中，都会有段时间确信：物欲是愚昧的根苗，模仿只会毁了自己；每个人的好坏，都是自身的一部分；纵使宇宙充满了好东西，不努力你什么也得不到；内在的力量是独一无二的，只有你知道自己能做什么。"朋友们，我们要明白，最精彩的活法就是保持自我。没有了自我，何谈生活？我们每一个人都是独一无二的，我们都有自己的生活需要经营。做好自己，把控住方向，不要被他人左右，才能活出最精彩的人生。

既已选择，就要承担起责任

有人说，人生是一个不断接受改变的过程，其实，人生更是一个不断选择的过程。从呱呱坠地开始,我们就面临着选择。喝什么奶粉,穿什么衣服,在哪里拍照,去上哪所幼儿园,就读哪所小学……这些事情,在我们还不能自主选择的时候,父母就为我们做出了选择。父母在做这些选择的时候伤透了脑筋,他们千选万挑,只想找到一款对我们的健康真正有利的食谱。随着学龄的到来,为了让我们不输在起跑线上,他们又绞尽脑汁地为我们联系最好的学校。在父母的精心选择中,我们渐渐成长,来到了美好的少年时代,直至成长为青年。我们开始学会选择,想要为自己的人生负责。自主选择,为自己的选择承担责任,这大概是成年人与未成年人显著的区别之一。父母充满担忧地看着我们在人生的道路上跌跌撞撞,想告诉我们什么是应该选择的,却知道碰壁和犯错是我们人生的必由之路。就这样,在父母的注视中,在挫折中跌跌撞撞的我们长大了。从此之后,父母不再干涉我们,不管什么事情,父母都会默默地支持我们。但是,我们并没有因为享有人生的自主权就恣意妄为,相反,我们变得更加谨慎,因为我们意识到自己肩负着责任。我们必须选择好,才能少走人生的冤枉路,才能事半功倍,更快地获得成功。

　　直观地说,选择就是决定一个方向。就像走路,如果南辕北辙,则永远也到不了终点,唯有选择好,再加上努力,才能尽快到达自己的目的地,由此可见,选择是多么重要。生活中,常常有人抱怨,觉得自己的运气太差,而羡慕别人的运

第二章
强者的人生，自己做选择自己决定

气比自己好。其实，不是运气差，而是选择不对，一旦方向错误，你越努力，反而只能越偏离目标。当然，仅有正确的选择还是远远不够的，因为方向只在于起点，过程的推动力大小还要看我们的努力程度。

现实生活中，很多人有选择恐惧症，他们在选择的时候往往瞻前顾后，犹豫不决。究其原因，是因为他们在选择的过程中无法正确地取舍。要想做出最佳的选择，我们就要有一定的分析能力。凡事都有利弊，任何事情都有两面性，我们不可能既想得到，又不想失去。一分为二地看，任何选择都面临着得到和舍弃，不同在于，你更想得到一种怎样的结果。因此，我们在选择的时候就要确定，自己想要什么，同时必须舍弃什么。这样，在面对选择带来的结果时，才不会患得患失。

张刚和李强大学毕业后，被同一家公司录取。他们找了好几个月的工作，因为就业形势严峻，始终没有合适的意向公司。后来，一家小公司录取了他们，对此，他们很犹豫。张刚很有野心，并不想在小公司混日子。李强也是相同的想法，但是他没有张刚那么有魄力，他很担心创业失败。他和张刚的观念完全不同，对可能面对的失败，张刚总是说"没关系，我们还年轻，输得起"，而李强则说："我们的资本那么少，怎么能经得起失败呢？"就这样，两个好朋友就此分道扬镳，张刚回到家乡创业，李强则留在小公司开始工作。

强者思维

张刚回到家乡后，选择了最热卖的母婴用品作为自己的目标。为了降低成本，他就在家里办公，找了个代加工工厂生产婴儿用的三角巾等物品。张刚的产品物美价廉，还显示出童真童趣，所以张刚的生意非常火爆。虽然每单只有几十块钱，但是每天都要卖出去几十单。3年过去了，张刚不仅有了自己的加工生产厂，淘宝店也越开越火，每天都能卖出上百单。而李强呢，在那家小公司3年了，一直没有得到很好的发展，所以现在的他过着和3年前差不多的生活，如今，他甚至准备辞职回家加入张刚的生意呢！

3年的时间，因为选择不同，原本可以成为张刚合伙人的李强，现在却只能回去帮助张刚做工作，这就是选择的重要性。很多事情在做出选择的时候，我们不能瞻前顾后。如果3年前李强想清楚，即使创业失败，也无非就是再去找一份工作，从头再来，他就会知道，对他而言，没什么好害怕失去的。如今，张刚用3年搏得了自己的潇洒人生，未来的他定然还会有更好的发展，而李强则只能选择跳槽，找另外一家公司继续发展。这就是选择的重要性，选择好，事半功倍；选择不好，只能一切重头再来。因此在选择的时候，我们首先要深思熟虑，再果断采取行动，这样才能抓住最佳契机。

第二章 强者的人生，自己做选择自己决定

说到做到，兑现自己的承诺

不知道你有没有发现这样一个事实：不管是在历史的长河中，还是在现代，所有杰出的人都有着一个共同的优点：敢于对自己的承诺负责。其实不需要仔细思考，我们也可以试想得出，如果一个人连对自己的承诺都无法兑现，又谈何指望他对别人说到做到呢？放大到人生当中，其实也很好理解：一个人说到的事情常常无法做到，基本也就可以判定此人相对而言缺乏基本的自制力，而一个没有自制力的人在面对许多问题的时候必然更加容易逃避与推卸，因而会失去一些成功的机遇。因此，显而易见的是，对自己的承诺都无法兑现的人更难获得成功，这一切也就是顺理成章的事情了。

有一个叫小可的小朋友，在他9岁那一年，发生了一件令他终身难忘的事情。有一次，他路过一家商店的橱窗，看到模特脚上穿着一双有皮毛的鞋子，样式很别致，从来没有见到别人穿过。这双鞋的价格很高，小可很喜欢，便向父亲索要，而父亲看了一眼就觉得这双鞋子不适合他穿，但小可真的非常想要这双鞋子，于是为了说服父亲给他购买，他就向父亲承诺，买回来后，自己一定会穿这双鞋，一直穿到鞋子小了为止，并为了向父亲证明自己的决心，小可还要将自己其他的鞋子送给

弟弟妹妹。

等到父亲买回鞋子，小可才发现这其实是一双木鞋，是鞋店专门用来做出样展示的。这双鞋子穿在脚上不但不舒服，而且每走一步就会发出"咔哒"的声音。年幼的小可本想满足一下自己的虚荣心，没想到却在同学面前丢尽了脸，因为这双木鞋，全校同学都认识了他。为了使声音小一点，他走路时不得不尽量将脚步放到最轻。一个同学建议他换上一双更为舒适的鞋子，并愿意借给他一双鞋子，但都被小可拒绝了。小可认为父亲已经按照和自己的约定买回了这双鞋子，那么他就必须做到自己对父亲的承诺，一直穿到穿不了为止。最终，年幼的小可遵守自己的诺言，一直将这双鞋子穿到自己的脚已经穿不进去，才开始换其他的鞋子。

这件事情对小可的成长产生了极其重要的影响，让他明白自己所做的承诺有可能会带来意想不到的责任和后果。因此，做出承诺之前，自己一定要仔细思考有可能的后果。在成长过程中，不管遇到了什么样的艰难困阻，小可都始终坚持：不管大事小事，无论事情结果的好坏，自己的事情都必须要处理好。而正是这样的坚定与强大的自我控制力，小可最终成为了一名倍受别人信任的经济学家。

很多时候，我们许多人似乎都会很草率地给出诺言，例如，"我答应你，一定会在周五之前完成""放心吧，我一定

第二章
强者的人生，自己做选择自己决定

按时完成这个项目"等。当别人有所要求的时候，当你想要夸下海口显示自己无所不能的时候，你需要明白实现这个承诺所需要的勇气以及面对的困难，想清楚之后再做出你的承诺。你要知道，与其夸下海口以显示自己的无所不能，不如遵守诺言更能显示自己的可信任度及令人折服的人格魅力。因此，当你能够对自己的承诺坚持到底的时候，实际上，我们也是在对自己说："我要变得越来越强大，直至任何的意外与突发都无法破坏我内心的平和。"而当任何的事件都无法破坏我们内心的平静与安宁时，我们已经变得不再需要被督促，也可以没有任何困难地遵守与执行对自己的诺言了。

对自己的承诺其实就是坚守自己确立的目标。当你在前进路上感到迷茫的时候，不妨暂且停下前进的脚步，仔细思考，总结你在过去的生活中取得的最好成绩，认真总结自身的擅长之处与存在的缺陷。根据曾经自己能够达到的最好成绩，合理制订未来前进的目标；根据自身的优势与劣势，明确最终想要尝试并达成成就的方向；根据"说到就要做到"这一坚定的人生信条真正贯彻与执行。以此，当我们为自我的每一天、每一个星期、每一个月、每一年，甚至这一生明确好自己的目标后，如果能够坚守并执行好这些目标，我们离成功还会远吗？请你相信，就像是植物的种子一定要有雨水的滋润及阳光的照耀，才能够破土而出、发芽长叶、结出硕果一样，人类的生命之花也必须要有坚定的目标及说到做到的不懈奋斗，才能够长久绽放，并越开越美！

有成功潜质的人，总能不断反思自己

古往今来，很多人都获得了成功，他们的成功各有各的原因，却有一个共同点，那就是他们从来不为自己找借口。正如人们常说，成功者只为成功找办法，而不为失败找借口。在人生成长的道路上，尤其是在追逐成功与梦想的过程中，很多人都会陷入各种各样的困境，甚至还会遭遇失败的强烈打击，弱者就此一蹶不振，这样即使避开了失败，也彻底与成功绝缘。而那些有成功潜质的人，总是会在失败的过程中积累经验和教训，积极地面对失败，让自己不断反思，努力提升，从而踩着失败的阶梯继续前进。

毋庸置疑，人人都渴望成功，但成功从来不是一蹴而就的，更不是从天而降的。每个人不管有没有天赋，也不管是否有好运气，要想获得成功，就必须努力和坚持，才能在成长的道路上不断地进取。不得不说，人是有惰性的，而且有趋利避害的本能。每个人在为自己找到一个借口之后，就轻而易举地原谅了自己，在此后的人生中还会情不自禁地为自己找借口。渐渐的，他们就不会拼尽全力了，而是会在糟糕的结果出现后，就当机立断地找借口，为自己开脱。他们当然会对人生产生懈怠，也容易在人生的道路上迷失。真正对自己负责任的人，不管做什么事情都有着较真的态度，也总是全力以赴，争取得到最好的结果。即使面对失败，他们也会主动反思自己，总结经验和教训，而不会用轻飘飘的借口结束整件事情。

现实生活中，很多朋友都会感到困惑，因为他们不知道自己为何总是与失败结缘，而其他人则总是有好运气能够得到命运的青睐，常常轻轻松松获得成功。不得不说，我们所看到的别人的成功只是一种表面现象，在现实生活中，没有谁的成功是一蹴而就或者轻松得来的，他们在成功之前一定付出了长久的努力和坚持，也始终在不遗余力地努力向前。最重要的在于，他们从来不会为自己开脱，而是努力寻找事情失败的原因，不断提升和完善自己。这样的人生，才是更加脚踏实地的，也才会一步一步坚持向前。

在工作中，小刘犯了一个很严重的错误，他当即向上司解释："张总，我不是故意的，我真的很想把事情做好，可能是因为我最近接连加班太累了，所以才会一时疏忽。"听到小刘的话，张总脸上明显表现出不高兴，对小刘说："哦，你给我这样的一个解释，到底是想要表达什么呢？"小刘说："张总，我上有老下有小，都需要养活，希望您能原谅我，不要扣掉我的奖金。"听到小刘这么说，张总忍不住露出不屑一顾的神情，毫不客气地说："小刘，公司的制度你是知道的，不要说是你犯错误，就算是我自己犯错误，我也是无法逃避惩罚的，否则其他同事会感到不公平。"小刘听到张总的话，表现出很失望的样子。张总在例会上公布了对小刘的处罚决定，也要求其他同事引以为戒。经过这件事情，原本很器重小刘的张总，对小刘的态度有了明显的改变。再有艰巨的工作任务时，也很少分给小刘去做。

在这个事例中，小刘之所以被张总嫌弃和否定，是因为小刘犯了错误之后，没有第一时间承认错误，也没有主动地承担责任，反而恳求张总不要惩罚他。这样为自己辩解、犯了错误之后不能勇敢承担的态度，让小刘在张总心目中的形象一落千丈。人在职场，每个人都不能保证自己把每件事情都做得恰到好处，难免会犯各种各样的错误。但我们一定要端正心态，摆正态度，主动承担后果，才能全力以赴做好自己，使人生变得更加圆满，否则总是不断地推卸责任，不想承担后果，也会逐渐失去他人的信任。

有压力才会有动力，一个不愿意承担责任的人是没有压力的，自然动力也会不足。不管因为何种原因犯下错误，都不要不假思索地为自己辩解和开脱。唯有先主动承担责任，承担后果，才能树立自己的坚强形象，也才能赢得他人的信任和认可。正所谓人非圣贤，孰能无过，我们只有端正心态面对人生的各种困境，积极主动地支撑起人生的脊梁，人生才会获得更好的发展，也才能拥有更多的收获。记住，借口是最容易找的，几岁的幼儿就会在犯错误的时候为自己找借口，他们作为孩子，在一定程度上可以被原谅，而成人却很少能为自己开脱。人要想成为更加优秀的人，就要挺直脊梁，越是在艰难的境遇里，越是要勇敢面对自己，这样人生才会有大格局。

第三章

真正的强者,喜欢用行动品尝人生

立即去做，改掉拖延的恶习

艾伦一直有一个毛病，办事情总是拖拖拉拉，生活上是这样，工作上也不例外。例如，艾伦常常会积压一大堆来信。如果第一封信中涉及了一个棘手的问题，艾伦就把它搁置一旁，花大量时间找容易答复的信先处理。就这样，艾伦手上那些不易处理的信已经堆了好多了。可这在艾伦眼里是没办法的事，他无法改变。

对此，曾有人告诉过他："不要总以为拖拖拉拉的习惯无伤大雅，它是个能使你的抱负落空、破坏你的幸福，甚至夺去你生命的恶棍。"

是的，或许在艾伦看来这不是大事，他也无心改变，但是这种习惯显然不能被当作一种独有的个性。其实，拖延作为一个非常严重的坏习惯，正如别的习惯一样，它同样也可以被改正。有人建议艾伦："你不应当回避那些棘手的信，而应当首先处理它们，你会得到很大的鼓舞，剩余的任务也会迎刃而解。"

后来，艾伦听从了大家的意见，也认识到了事情的严重性，他决心改掉这个毛病。艾伦不断向身边的人学习，逐渐掌握了一个原则：如果有一件事情要做，就立即处理。最后，艾伦终于成功地改掉了拖拉的恶习。

拖延让我们的惰性越来越强，拖延让我们的借口越来越多，拖延让我们的成功越来越少。如果你想做一个有上进心的人，如果你不想蹉跎你的人生，就不要为自己的拖拖拉拉找借口。

程刚和李寒是大学同学，关系比较好，毕业之后他们去了同一家公司面试，幸运的是两人都被该公司录取了。因为刚毕业没什么经验，所以一开始，公司给他们开出的薪水都很低。面对低薪，程刚愤愤不平，所以在平时的工作中，他总是埋怨、推卸责任，还利用工作时间和同事闲聊，把工作丢到一旁，毫无顾忌。渐渐地，程刚做事变得拖拉，效率低下，要求他星期一早上交的方案，到星期二早上依然未做完。经理批评他，他就带着情绪工作，把方案做得一塌糊涂。再后来，程刚接到工作任务时，不是考虑如何把工作做好，而是一开始就在想如何开脱、推卸责任。

李寒则不同，他虽然对低薪也感到不满，但他并未一味地抱怨、闹情绪。在李寒看来，机会来自汗水，一分耕耘一分收获，只有今天的努力，才能换来明天的收获。李寒懂得多利用时间学习，他经常在车间到处参观，熟悉制作工艺，学习产品生产流程，即使汗流浃背，也一丝不苟。时间一长，李寒的负责、勤奋、好学引起了厂长的注意。不久，李寒就被提拔为厂长助理，而程刚因为拖拉，最后被公司解雇了。

担任助理一职后，李寒依然积极主动，认真负责地处理厂里的每一项事务，分内的、简单的事，他总是第一时间完成；重要的、紧急的、需要领导决策的事情，他会及时向厂长汇报，并督促各部门坚持及时把工作做好，做到位。在李寒的组织管理和协调下，公司的生产效率得到了极大的提高。

工作中很多人喜欢拖拖拉拉，好像自己赚了便宜一般。他们觉得这是一种小聪明，不但会使自己的工作变得轻松，而且得到的报酬也不会因此减少，何乐而不为呢？可是他们却没有发现，他们已经把自己推到了懒惰、平庸、失败的边缘。

工作中因拖延而丧失斗志，生活中因为拖延而浪费时间的人也不在少数。很多人总是这样想：等我富裕了，我一定带着我的父母到各国转一转；等我有时间了，我要去看看我之前的小伙伴；等我条件再优秀一点，我就向我喜欢的女孩表白；等到下一个春天到来，我一定会去看最美的风景……等着等着，时间都过去了，而我们到底实现了几个当初的愿望，又兑现了多少诺言呢？其实很多事情我们都想做，可是都没做，我们总是在等待最恰当的时刻。事情就这样一天天、一次次地拖着，在拖延的过程中，我们蹉跎了岁月，也留下了遗憾，时间不等人，拖延会让我们可以做的事情越来越少。不要拖拖拉拉，有什么事情就尽早去做吧，不要让拖延的毛病导致自己一事无成。即刻去做，这种习惯不仅能提高你的办事效率，也是一种良好的生活态度，更能体现出一个人对生命的尊重。

瞻前顾后，大好的机会就浪费了

从前有一头毛驴，它拥有两堆草料。它饿了，可是站在两堆草料中间，犹豫着是去吃左边的还是去吃右边的呢？往左边走走……嗯，还是去吃右边的比较好；往右边走了几步……算了，还是去左边那堆好了。走走又回头，回头又走走，于是，这头幸运的、富有的毛驴，就这样在两堆草料间饿死了。

这个故事有点夸张，可是，有许多人也会做这样的傻事。人比毛驴聪明，思考能力强，在前思后想中，更容易犹豫不决，失去机会。在生活中，有不少人做事思前想后，顾虑太多，结果在犹豫不决中失去了绝佳的机会，也失去了改变人生的机会。

第三章 真正的强者，喜欢用行动品尝人生

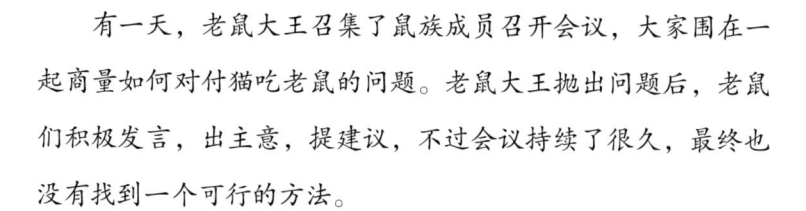

有一天，老鼠大王召集了鼠族成员召开会议，大家围在一起商量如何对付猫吃老鼠的问题。老鼠大王抛出问题后，老鼠们积极发言，出主意，提建议，不过会议持续了很久，最终也没有找到一个可行的方法。

这时，一个平时被大家认为最聪明的老鼠说："我们与猫多次作战的经验表明，猫的力量实在太强了，若是单打独斗，我们根本不是它的对手。我觉得对付它的唯一办法就是——预防。"大伙听了面面相觑，问道："怎么防呢？"这个老鼠狡黠地说："给猫的脖子系上铃铛，这样，猫一走铃铛就会响，听到铃声我们就躲藏到洞里，它就没有办法捉到我们了。"老鼠们听了都雀跃起来："好办法，好办法，真是个聪明的主意！"

老鼠大王听了这个办法以后，高兴得什么都忘记了，当即宣布举行大宴。可是，第二天酒醒了以后，老鼠大王觉得有些不对。于是，又召开紧急会议，并宣布说："给猫系铃铛这个方案我批准，现在开始就落实到具体行动中。"一群老鼠激动不已："说做就做，真好真好！"接着，鼠王问道："那好，有谁愿意去完成这个艰巨而又伟大的任务呢？"会场里一片寂静，等了好久都没有回应。

于是，老鼠大王命令道："如果没有报名的，我就点名啦。小老鼠，你机灵，你去给猫系铃铛吧。"老鼠大王指着一个小老鼠说。小老鼠一听，马上浑身颤抖，缩成一团，战战兢兢地说："回大王，我年轻，没有经验，最好找个经验丰

富的吧。"接着，老鼠大王又对年纪稍大的鼠宰相发出命令："最有经验的要数鼠宰相了，你去吧。"鼠宰相一听，吓破了胆，马上哀求说："哎呀呀，我这老眼昏花、腿脚不灵的，怎能担当得了如此重任呢？还是找个身强体壮的吧。"于是，老鼠大王派出了那个出主意的老鼠，这只老鼠"哧溜"一声离开了会场，从此再也没有见到它。结果，老鼠大王最终也没有实现给猫系铃铛的夙愿。

目标可以实现，关键在于及时行动。在任何一个领域里，不努力行动的人，就不会获得成功。正所谓"说一尺不如行一寸"，任何希望、任何计划最终必然要落实到具体的行动中。只有及时行动，才可以缩短自己与目标之间的距离，也只有行动，才能将梦想变为现实。如果你只是心里想想，总是纠结于其他的因素，而错过了及时行动的机会，那只会后悔莫及。

人生有三大憾事：遇良师不学，遇良友不交，遇良机不握。很多人把握不住机遇，不是因为他们没有条件，没有胆识，而是他们考虑得太多，在患得患失间，机遇的列车在你这一站停靠了几分钟，又向下一站行驶了。我们生活在一个竞争激烈的时代，很多机会本来就是稍纵即逝的。在优柔寡断的人左思右想的时候，机会就已经溜到了别人手里，而自己却被远远抛在了后面。

不付出行动，只能一无所获

要迎着晨光实干，不要面对着晚霞幻想。这句话形象而准确地告诉我们：人不能沉迷于美好且远大的理想之中，还应该付出比别人更多的努力。当我们发现一个良机的时候，就要敢于付诸行动，而不是犹豫不决。确实，在这个世界上，许多伟大的成功者都属于那些敢想、敢做、敢于面对失败的人，而那些所谓智力高超、才华横溢的人却始终犹犹豫豫、瞻前顾后，不付出行动而最终一无所获。

人们常说"高风险意味着高回报"，只有那些敢于冒险的人，才会赢得人生的辉煌。当然，那些面临风险依然可以果断做出决定的人肯定胆识过人，他们不仅拥有过人的胆识，而且始终将行动放在第一位，敢想敢做，逆流而上，往往取得了出人意料的成功。

有一天，一位园艺师傅向三洋电机公司创始人井植岁男说："社长先生，您的事业如日中天，而我却像一只蚂蚁一样在地上爬来爬去，根本没有出息，我什么时候才能赚到钱，才能像你一样成功呢？"井植岁男说："这样吧，我看你比较精通园艺，我工厂边上有几万平方米的空地，咱们合伙种树苗吧。你告诉我，一棵树苗多少钱？"园艺师傅回答说："40元。"

井植岁男说:"以一平方米土地种两棵树苗计算,扣除道路,如果有两万平方米,就能够种植2.5万棵树苗,树苗成本是100万元,你算算,3年后,一棵树苗能卖多少钱?"园艺师傅回答说:"大约3000元。"井植岁男说:"这样,100万元的树苗成本与肥料由我来支付,你就负责浇水、除草和施肥,3年后,我们就有600万元的利润,到那个时候,我们每个人从中就能获得一半的利润。"那位园艺师傅听了吓了一跳,立刻拒绝说:"哇!我不敢做那么大的生意,我看还是算了吧。"

一句"算了吧"让园艺师傅错失了一个成功的机会。或许,我们每天都在梦想着成功,然而,当自己有了好的想法,即将投入实践的时候,却没有勇气去尝试,在心中有的只是对失败的顾虑,导致最后失去了成功的机会。巴菲特的投资事业告诉我们:成功是离不开行动力和勇气的,相比较智慧,我们更需要果断尝试。

在职场中,许多人都想改变自己的处境,想做得比现在更好,甚至,梦想着成就一番事业,但是,他们往往有了想法却总是瞻前顾后,犹豫不决,以至于许多好的想法、计划都死于腹中,最后一事无成,在职位上平庸地度过了一生。同样是一些敢想的人,他们没有犹豫,而是马上将自己的想法付诸实践,最后,他们成功了。出现这样截然相反的情况,是什么原因呢?很显然是因为前者缺少了行动力,他们只愿意想,而不敢去做，因此，成功的机会总是与他们擦肩而过。

内向者常常会陷入这样的境地：想得多，做得少。孔子说："君子耻其言而过其行。"意思是说，君子认为说得多而做得少是可耻的。在现实生活中，总是有这样一些夸夸其谈的人，他们口若悬河，说尽了大话，到最后却一件事情都没有完成，给上司和同事留下了"浮夸"的印象。一个人如果想要去做一件事，无论计划多么完美，倘若没有将其付诸实际行动，就不能体现出它的价值。

事实上，当我们的大脑中有了灵感时，就应该付诸实践，现在着手，马上行动，"现在"这一词语可以推进成功，一次又一次的"明天""以后""某一天"就代表着"永远也做不到"。

大多数聪明的人，他们遇事冷静，不愿自己的智慧被埋没在平淡的日子里。因此，他们脑中一旦有了好的想法，总是敢于实现它，无论最后的结果是成功还是失败，他们总是先做了再说。

如果现在你的脑中有一些好的计划，就应该对自己说"我现在就去做，马上开始"，而不是说"我总有一天会完成它的"。在现实生活中，有许多人渴望成功，但却从未想过自己应该下怎样的决心才能获得成功。那些坐在办公室里无所事事的职员，永远都是在等待机会自动来到自己眼前，自己毫不努力。在他们身上，缺少强大的决心，缺乏行动力，他们只会在等待中碌碌无为地过一生。

强者思维

立刻行动，才是强者思维的体现

  生活中的我们总是会有这样的情况：今天该做的事情要拖到明天，现在该打的电话等到一两个小时以后才打，这个月该完成的进度表要拖到下一个月，这个季度该达到的业绩指标要等到下一个季度……在我们的工作和生活中，实在有太多拖延的情况。而拖延的原因，要么因为懒惰，要么因为犹豫不决。不论是哪种原因，结果都是一样的——总体而言，拖延只会导致我们生活中的一次次遗憾和失败，百害而无一利。

  许多人都喜欢等待，喜欢等到万事俱备才开始有所行动。殊不知，良好的条件是等不来的，工作中很少会有万事俱备的时候，即便真的存在万事俱备的条件，想要做的人必定也不会只有你一个。因此，我们可以选择在行动中不断地完善。你会发现，只要做起来，哪怕只是很小的事情，哪怕只做了五分钟，有了一个良好的开端，就能产生不一样的效果，带动我们着手做好更多的事情。希望你可以记住这样的原则：无论做什么事情，停留在嘴边说说是远远不够的，关键要立刻落实在我们的行动中。如果无限制地拖延，只会有害无益。当你为了一时的愉快而选择暂时拖延的时候，事情只会越积越多。现实生活中，你会发现，不论你用了多少借口逃避责任，该做的事情最终还是需要去做，而拖延只会给你造成内心的烦闷。随着时间的流逝，累积的工作所造成的压力只会越来越大，只会让你更加疲惫不堪。

避免拖延的唯一办法就是立刻行动，开始往往都是最困难的，但一旦开始，结果就会比原先要好很多。

曾经有一个学生拿着一张画稿去询问导师的意见，导师认真观察画布，指出了学生作品中的几个问题。学生高兴万分，回答道："谢谢您，老师，我明天抽时间修改。"导师皱了皱眉说道："为什么要等到明天，还是得抽出时间呢？万一明天抽不出时间怎么办？你必须马上动手，否则你明天依旧会继续拖延的。"

导师是在教育学生要"活在当下"，的确如此，我们做任何事情都应该有这样的心态。你可以尝试一下，当接到新的工作任务时，立刻切实地行动起来。而诸如"再等一会儿""明天开始做"这样的借口或者心理意念，一刻也不要存在。当生活中出现需求的时候，就要马上列出自己的行动计划并执行，而且是从现在开始，从当下开始。如此，你便会形成习惯，最终受益良多。

小C是一名医学院的学生。当初他的父母认为小C毕业之后成为一名医生，工作稳定且令人敬佩，于是自作主张地安排了小C的大学专业。每当小C对大学专业表示出不满意的时候，父母总会用"等你学会了就会喜欢了"这样的话语搪塞他。小C渐渐知道了这是父母的套路，想要从父母那里获得准许再换专业是不可能了。于是，小C决定自己开始"拯救计划"。

说做就做，小C的爱好是西点，梦想要成为一名西点师，毕业之后开一家属于自己的面包房。大学的上课时间排得并不满，小C开始利用业余时间自学西点知识，还到一家全国连锁的西点店做起了兼职，想要学习一些实践知识。小C用兼职赚来的钱购买了专业教程，学做各种西点。就这样，五年后，小C顺利从医学院毕业，也掌握了扎实的西点制作技巧。毕业之后，小C向父母袒露心声，并邀请父母品尝了自己亲手制作的西点蛋糕。最终，父母终于答应了小C的要求，不再逼迫他成为医生，而是根据自己的爱好成为了一名西点师。终于，小C如愿开了一家属于自己的西点店。

无论何时，你会发现，如果你的心中时刻牢记"立刻行动"，即便现在的你还未成功，你也已经比曾经的自己优秀了很多。通过对古往今来众多成功人士的实例分析，你也会发现："立刻行动"可以说是所有成功者都会具备的一个基本素养。因此，想要成功，想要超越以前的自我，你需要考虑的是是否立刻行动。而当"立刻行动"成为肯定选项的时候，你需要考虑的就是如何行动，如何克服前进途中有可能会遇到的困难。

当你下定决心去做的时候,就一定不要费心为你做的事情找借口,当别人询问你为何要这么做的时候,不用过多解释,只需淡淡回应一句:"我就是喜欢这么做。"明天就像是盒子中的巧克力,在没有吃到之前,你永远都不会知道是什么滋味。因此,无须设想绝对完美的结局,更不要因为害怕失败而裹足不前,即便你只是做了一件自己喜欢却并未达到预期效果的事情,你也已经满足了自己的进取心,并从中收获到了经验和教训。因此,我们一定要养成立刻行动的良好习惯,当机会来临的时候,立刻行动,无论成败,在所不惜。

将小事做到极致,你就成功了

古语有云:一屋不扫,何以扫天下?生活中的我们经常会有这样的认知偏差:有些事情不过都是小事,何必在意呢?仿佛我们生来就应该是"做大事""赚大钱"的人,因而很不屑于做小事,赚小钱。其实,什么样的事情算大事,什么样的事情又算小事呢?你认为的诸多小事在别人的眼中,或许就是涉及原则底线的大事,你所认为的大事在更加优秀的人眼中,或许也就是不足一提的小事。世间的诸多标准皆是因人而异，不要目光短浅地将自己定义在所谓的某个阶层里。仔细观察，你会发现，古今中外的许多名人，一开始都是从身边的小事做起，将小事做到了极致，经过历史的沉淀，最终变成了人们口口相传的大事。试想，如果你连自己身边的一些小事都做不好，又如何能够做成所谓的大事呢？谁会给你机会呢？其次，学会留心自己身边细微的信息，做好身边的小事，绝对是有利无害的。

刘姐是某大型商场的销售经理，非常重视市场信息的收集。有一天，她在看报纸的时候，多次看到摩托车驾驶者造成交通事故的报道。经过思考，刘姐立刻组织商场里的采购人员购进摩托车专用头盔1000顶。过了不到一个月，当地交通部门果然下发了相关政策，规定了驾驶人员没有头盔不得驾驶摩托车。这样一来，头盔一下子成了热门货，刘姐带领着商场的销售人员做成了一笔好生意。

文中的刘姐之所以能够取得成功，就是在于她总是能够从生活中的细微之处着手，瞄准机会，将生活中的信息与自我的工作需求相结合，变市场机会为自己的成功机遇，这样敏锐的观察性值得我们所有人学习。在我们每天的生活中，能够接收到的信息有千千万万条，而对你我而言，有价值的少说也有数百条。同样都是面对生活中的未筛选信息，不会利用的人只会认为是垃圾信息而不做关注，懂得利用的人却能从中获得自己想要的"宝藏"，为自己的人生事业添砖加瓦。

很多时候，我们并不是故意忽视身边的"小事"，而是很多人并没有重视身边细微小事的意识与概念。而那些拥有"从身边小事做起"意识的人，善于抓住身边小事的机会，很多时候，就能够产生意想不到的收获。

如果我问你：电风扇是什么颜色的？你可能会告诉我，什么颜色都有啊。的确，在现今社会，电风扇五颜六色，想要什么颜色就有什么颜色，甚至可以根据你的需求帮你定制你想要的任何图案。然而，电风扇在发明之初都是黑色的，于是所有人都理所当然地认为电风扇是黑色的。

当人们看腻了黑色的电风扇时，电风扇的销量受到了严重的影响，许多小公司生产的电风扇根本销售不出去，日本的东芝电器也是如此。一批电风扇全部都积压在仓库里，已经严重影响到了整个工厂的业绩及工人的工资。为此，东芝的所有员工都在苦思冥想，想要把这些积压的电扇卖出去。他们试了很多种促销方法，却收效甚微。

有一天，某个小职员陪他的儿子在家里画画，儿子问他："爸爸，为什么树木一定是绿色的呢？"小职员突然想到：为什么电扇一定都是黑色的呢？想到这，他立刻向上级汇报，提出自己的想法，申请将积压的电扇更换颜色，说不定会有不一样的效果。上级听了他的提议后，认为可以一试，于是连夜安排工厂将积压的电风扇改头换面，生产出了一批蓝色的、更符合夏天清凉风格的风扇，并以此为营销点销售推广。

这批浅蓝色的电风扇受到了消费者的青睐，引领了新一轮的风潮。东芝电器仅花了短短几十个小时就将所有积压的风扇销售一空，从这以后，电风扇也不再只是单调的黑色了。

只是改变了"颜色"这一件小事，就由此开发出了面貌全新、十分畅销的新产品，竟使整个公司渡过了难关。颜色本身只是一件小事，使用得当，却是能够引发巨大经济效益和社会效益的大事。在上面的故事中，提出这一设想的既不是有渊博科学知识的电扇专家，也不是具有丰富商业经验的销售能手，只是一个善于从点滴小事当中思考总结的普通职员。而在这之前，东芝公司的其他几万名职工，日本及其他国家成千上万的电器公司都没有人想到过要改变电扇的颜色，似乎电扇本就应该是黑色。

其实，这只是一种可怕的认知习惯，一种传统。因为，自有电扇以来，也没有人想过要改变它的颜色。说来有趣，世间的很多事情虽然从未有人规定过，只是因为在漫长的时间里，人们已经形成了一种固有认知。这种认知习惯反映在人们的头脑中，成为了一种根深蒂固的思维定式，严重阻碍和束缚了人

第三章 真正的强者，喜欢用行动品尝人生

们的创新思考。因此，我们要记住：成功需要我们从身边的每一处小事做起，需要我们打破自我的思维定势，需要勇于创新的意识和观念。只有首先有了"做小事"的概念，积少成多，才能做成人生的大事。

完成艰巨的任务，可以将大目标分解为小目标

一个人如果面对世界最高峰——珠穆朗玛峰，一定没有勇气真正地翻山越岭，到达珠穆朗玛峰的最高点。而如果面对泰山，也许还可以一鼓作气，登顶看日出。实际上，人在一生之中也需要翻越无数的山峰，这些山峰加起来的高度其实已经超过了珠穆朗玛峰，那么为何在直接面对珠穆朗玛峰时，大多数人却没有勇气尝试呢？细心的朋友会发现，泰山的石阶每过一段就会有个平台，用于行人休憩。其实除了休息，平台还有另一个作用，就是把石阶分成一段段的，这样看起来就没有那么难以完成，也避免了石阶看起来就像天梯一样高不可攀。这是建造石阶者的智慧，他们正是以这样的方式激励登山者奋勇向上。同样的道理，远大的目标固然能够激励人生不断向上，可过于远大的目标也会让人产生遥不可及的无奈。民间有句俗

话,叫作破罐子破摔,如果一个人认定自己再怎么努力也无法实现目标,那么他很有可能会因为内心的脆弱和自卑而选择彻底放弃,从而不断逃避这些看似无法完成的艰巨任务。

看到这里,相信有的朋友会感到困惑:不是说目标越远大越好吗?为何又说远大的目标让人望而生畏呢?别担心,远大目标只要不偏离实际、不华而不实,就值得去尝试。在实现目标的时候,也是有技巧可用的,那就是像台阶的建造者一样,把目标分成阶段性的小目标,这样每当实现一个小目标,我们就会产生成就感,也会拥有自信心,自然能够信心倍增地继续向前了。

从心理学的角度而言,远大的目标在行动之初只能提供大概的方向,甚至会因为过于远大而让人变得自卑,心生疲惫。近期的目标则往往是小目标,是稍微努努力就能实现的,所以能够增强人的信心,使人更加充满勇气。人生之中,既需要远大的目标作为方向的指引,也需要短期内的小目标给人以自信,让人得以检验努力的结果。由此可见,把远大的目标分解成一个个小目标至关重要。古人云,滴水穿石,绳锯木断。看起来,水滴并没有多么强大的力量,但是经年累月却能把坚硬的石头洞穿,而柔软的绳子也根本不是木头的对手,但是一次又一次地锯,居然真的能把木头锯断。不得不说,这正是坚持的力量,也是积累的力量。看起来,那些持续实现人生小目标的人并没有丰收,但日久天长,就像爬台阶一样逐步地向上,

第三章 真正的强者，喜欢用行动品尝人生

最终就能够到达人生的巅峰，实现梦想。而那些一味地盯着远大目标，既不屑于完成小目标，又没有能力一蹴而就完成大目标的人，则会被梦想唾弃，任由宝贵的青春年华悄然流逝，再也没有机会真正地实现梦想。

从另一个角度而言，那些分解之后的小目标就像是人生的导向标，让人一步一个脚印，踏踏实实地奋发向前。在确立人生的远大目标之后，先不要急于兴奋，只有把远大目标合理划分为小的阶段目标，按部就班地实现，才有可能真正实现梦想。

有一年，国际马拉松比赛在日本举行，有一位叫山田本一的选手赢得了冠军。在此之前，山田本一始终默默无闻，根本没有人想到他能夺得冠军。比赛结束后，记者们蜂拥而至，采访身材矮小、并不强壮的山田本一是如何获胜的。对此，山田本一只是说："凭智慧取胜。"得到这样的回答，记者们显然不满意，众所周知，马拉松比赛最考验耐力和体力，谁也想不明白为何会与智慧扯上关系。大家都以为山田本一是在故弄玄虚，因而没有继续追问，还有人觉得山田本一就是侥幸取胜，所以根本说不出原因。

时隔几年，在另一个国家举行的国际马拉松比赛中，山田本一又赢得了冠军。面对记者问出的类似问题，山田本一依然回答"凭智慧取胜"，同样没有让记者满意。直到若干年后，

山田本一出版了自传，人们才知道山田本一"凭智慧取胜"的意思。原来，每次参加马拉松比赛之前，山田本一都会绕着赛道认真观察，并带着纸笔做笔记，以具有特色的标志物划分赛道。例如，他把一座白色的大楼作为第一站，把一棵百年老树作为第二站，把一栋红房子作为第三站……以此类推，在其他选手眼中漫长的赛道，在他眼中却只是一站又一站。当很多选手因为路途遥远而身心俱疲时，山田本一一站又一站地跑过去，到达一站时就会快速冲刺，不但不会觉得身心俱疲，还能保持速度，也就轻轻松松赢得了冠军。

　　山田本一凭着以标志物划分赛道取胜，这的确是凭借了智慧。面对人生的远大目标，如果我们感到疲惫和无奈，也可以采取这样的方式，把远大目标划分为小目标，才能逐个实现目标，也最终奔向梦想的终点。

　　星星之火，可以燎原。切实有效地迈出通往梦想的第一步，真正展开行动，实现每一个阶段的梦想，才能最终到达人生遥远的目的地。记住，即使千山万水地跋涉，路也要一步一步才能走完，一味地心急根本没有用，唯有砥砺前行、绝不放弃，才能以脚步丈量人生，才能以踏踏实实的每一步实现伟大的人生目标。

第四章

经营自己,
把注意力放在自我提升上

第四章
经营自己，把注意力放在自我提升上

不对自己狠一点，你怎能蜕变

有句话说得好，"不逼自己一把，你永远不知道自己有多优秀"。是的，有时候我们就是对自己太过纵容，反而无法激发出自己的潜能，在很多难题的处理上就看不到自己优秀的处理能力。每个人都有潜能，一个人的潜能靠激发才能显现出来；一个人必须要通过磨练，才能活出自己。因此，不要总是为自己的不努力找借口，在困难面前也不要总是为自己的怯懦找退路。做一个强者就要敢于突破自己，对自己狠一点，这样你才能更加优秀。

曾经有一位年轻人，家里非常贫困，迫于生活的压力，十几岁的他就不得不到处推销保险。在工作的第一天，他就只身一人去跑客户。当他走到一座大楼面前时，抬头看着这高耸的大楼，环顾这人来人往的道路，他真的非常紧张，也非常害怕。这时，他想起了自己的座右铭："如果你做了，没有损失，还可能有大收获，那就放手去做。马上行动！全力以赴！"

生活困窘的他逼自己走进了大楼，尽管他很害怕会被人赶出来，幸好这样的事情没有发生。

每当他踏进一间办公室的时候，他都用自己的座右铭激励自己，为自己加油打气。不管自己多么紧张，他都要求自己坦然面对，因为他要生活，他知道自己没有退路。

第一天，他卖出了2份保险，虽然不算太成功，但在了解自己的性格和工作方式上，他却收获颇丰。

第二天，他卖出了4份，第三天增加到6份……从此之后，他终于找到了自己的方法，一步步走向了成功！在他看来，一个人只要不逃避，再大的困难也能度过，就能获得成功！

这个年轻人就是美国著名的推销大师克里蒙。

我们不应无视自己的能力，其实每一个人都是很棒的，只不过是有的人付出了行动证明自己，而有的人在困难面前不知所措。古时候作战，经常用的一个计策是"置之死地而后生"：将士兵们引入没有退路的绝境，促使他们竭尽全力、勇往直前，直至打败敌军赢得胜利。这就是为了不给自己找退路，要想活着，就必须豁出一切逼自己向前冲。破釜沉舟的故事也证明了这一点。

秦朝末年，赵王赵歇的军队被秦军大将章邯围攻，在巨鹿陷入秦军的包围中，危在旦夕。当时，楚怀王任命宋义为上将

第四章
经营自己，把注意力放在自我提升上

军，项羽为副将军，前去救援赵国。

宋义本是一个胆小无能、自私自利之人，他用花言巧语迷惑楚怀王，取得了楚怀王的信任，并获得了上将军的职位，但是，真正到了战场上，他却非常害怕和秦军交锋。于是，在将士们一个个摩拳擦掌，准备与秦军拼杀时，宋义只是躲在帐中饮酒作乐，迟迟不肯下令进攻。

项羽多次劝说无果后，忍无可忍，冲进帐中杀了宋义，并说他叛国反楚。之后，楚军众将士便顺势拥立项羽为上将军。

之后，项羽带领军队出发，前往巨鹿为赵国解围。在全军渡过黄河之后，项羽命令士兵每人带上3天的口粮，然后砸碎了军中全部的锅。命令下达后，将士们都愣住了，项羽说道："没有了锅，我们就可以轻装上阵，以最快的速度解救危在旦夕的盟军。至于吃饭的问题，等我们打过去，再到章邯的军中去取锅做饭吧！"

之后，大军渡过了漳河，项羽又命令将士们将所有的渡船都砸破，沉入河中，同时还烧掉了所有的行军帐篷。

将士们一看，所有的退路都没有了，打赢了便能够带着荣耀活着回来，而打输了便只有死在战场上了。于是，所有的将士们都奋勇向前，以一当十，与秦军展开了厮杀。在战场上，杀声震天，楚军将士越打越猛，直杀得战场上血流成河。最后，经过多次交锋，楚军终于大败秦军，赢得了这次以少胜多的战役，而也正是这次战役奠定了项羽日后的霸主地位。

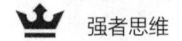

逼自己一把，你就能看出自己有多优秀；逼自己一把，你才不会总给自己找退路。如果遇到困难，我们不要总想着逃避，说不定向前走一步就能找到解决问题的方法。多一点磨炼，才能多一点成长；多一点努力，才能多一点成就。

沉下心来的人，思维富有高度的弹性

卢梭曾说："节制和劳动是人类的两个真正的医生。"即使每个人都是块好铁，也总得经过打磨才能成钢。在为生存而付出的劳动里，我们锻炼了一切与理想相关的东西，如自信、尊严、才识和能力。沉重是生活的一部分，我们享受生活的欢乐，也要接纳生活的沉重，因为生命中有一些责任是你必须要承担的，只有负重前行，脚步才不会太飘忽。

一个人要想有所作为，首先要从清理思想、改变观念开始。如果总是犹豫不决，一成不变，机会是不会主动光顾的。而能沉下心来的人，思考富有高度的弹性，不会有刻板的观念，而能主动吸收各种信息，形成一个庞大而多样的信息库，这将是他的本钱。

第四章

经营自己，把注意力放在自我提升上

  这一年，玛丽从大学毕业，她决定在纽约扎根并做出一番事业。她的专业是建筑设计，本来毕业时和一家著名的建筑设计院签了工作意向，但由于那家设计院在外地，玛丽考虑后决定不去了。如果去了，她会受到系统的专业训练，并将一直沿着建筑设计的路子走下去。可是一想到几十年都在一个不变的环境里工作，或许永远没有出头之日，这让玛丽放弃了去那里工作的念头。

  玛丽在纽约找了几家建筑公司，大公司不要没有经验的刚出校门的学生，小公司玛丽又看不上，无奈只好转行，到一家贸易公司做市场营销。一段时间后，由于业绩得不到提高，身心疲惫的玛丽对工作产生了厌倦情绪。但心高气傲的她觉得如果自己创业肯定会有更好的发展，于是她联系了几个朋友一起做建材生意。本以为自己是"专业人士"，做建材生意有优势，可是建筑设计与建材销售毕竟是两码事。不到一年，生意亏本了，朋友们也因利益关系闹得不欢而散。

  无奈之下的玛丽只好再换工作，挣钱还债。由于总是对工作环境不满意，几年下来，她先后换了几次工作，玛丽对前途彻底失去了信心。现在专业知识已经忘得差不多了，又缺少实践经验，再想做几乎是不可能了。玛丽虽然工作经验丰富，跨了好几个行业，可是没有一段经历能称得上成功……现实的残酷使玛丽陷入了尴尬的境地，这是她当初无论如何也没想到的。

"这山望着那山高"的想法切不可有，如果你忽略了理想必须扎根在现实的土壤上，结果只能被理想和现实同时抛弃。学会沉下心来，因为你在人生中会看到许多山峰，但你不可能翻越每一座山峰，得到所有美好的东西。命运对任何人都是公平的，当你为没有得到而苦恼时，还是仔细想一想自己将会失去什么吧！

　　许多人在步入社会的初期都拥有远大的抱负，一心只想一鸣惊人，而不去埋头耕耘。等到忽然有一天，他看见比他起步晚的，比他天资差的，都已经有了可观的收获，才惊觉到自己这片园地上还是一无所有。这才明白，不是上天没有给他理想或志愿，而是他一心只等待丰收，却忘了播种。

　　沉下心做事，就是要面对现实，面向未来，顺从规律，顺应大势，不做拔苗助长的蠢事。扎扎实实，一步一个脚印地走，才能循序渐进，登上事业的巅峰。

真正的强者，只关注自己而不嫉妒他人

　　什么是嫉妒？心理学家对嫉妒的定义为——嫉妒是和他人比较，发现自己在才能、名誉、地位或境遇等方面不如别人，

第四章 经营自己，把注意力放在自我提升上

并因此而产生的一种由羞愧、愤怒、怨恨等组成的复杂的情绪状态。其实，嫉妒是一种非常普遍的心理现象，每个人从降临人世开始，就存在着以自我为中心的心理。

诸如"吃不到葡萄说葡萄酸""红眼病"等俗语，也都是用来形容嫉妒心理的。嫉妒是一种负能量很大的情绪，一旦心生嫉妒，就会变得暴躁不安，失望消沉，对人充满敌意，憎恨原本不相干的人，甚至做出一些丧失理智的事情。

那么，人们到底因何心生嫉妒呢？其实，对嫉妒心强的人来说，很多事情都会使其产生情绪波动。例如，学校里，学生们因为谁考第一而心生嫉妒；办公室里，因为别人买了一条金项链而自己没有，变得愤愤不平；街坊里，阿姨因为自己的儿媳妇没有别人家的儿媳妇好看而气愤；工作中，因为没有得到某个职位，而嫉妒那个官升高位的人……总之，嫉妒的诱因形形色色，而最根本的原因是没有良好的心态。其实，嫉妒不仅会对别人的生活产生困扰，也会给自己的生活带来很大的影响。

生活中，没有任何人会处处领先。命运是公平的，它为你关上一扇门，就会为你打开一扇窗。同样的，当你拥有很多的时候，它也会给你一点小小的遗憾。对于生活中比我们更加优秀的人，我们完全可以取人所长，补己之短，而不必一味地被嫉妒之火炙烤，最终无法忍受，害人害己。

既然人生苦短，我们为什么还要给自己徒增烦恼呢？如果

觉得不快乐，不妨想想自己拥有什么，再想想如何学习别人的优点，提高自己。

行动，比语言更能让人信服

人是一种强烈需要认同感的动物，所以很多时候，我们把大量的时间用于向别人解释我们的所作所为。但是，如果我们的作为没有损害别人的利益，也没有影响别人的生活，我们为什么要解释呢？仅仅是因为需要别人对我们说"你做的是对的"这句话吗？其实，在这个世界上，不管我们多么努力，都无法让所有人都喜欢和认可我们。因此，我们最重要的是做好自己，不损害别人的利益。懂我的人，我不说，他也会明白；不懂我的人，即使说得口干舌燥，他依然不理解我。也许有人会说，我们总是需要鼓励和支持，实际上，知己的全力支持，足够支撑你走完艰难的成功之路。

曾经有人说，解释就是掩饰，掩饰就是确有其事。这句话未免有失偏颇，因为它把所有的解释都曲解为欲盖弥彰。古人说，清者自清，浊者自浊，我们做人做事，只要凭着自己的良心，做到问心无愧就好，无须过多地在意别人的看法。毕竟，

第四章
经营自己，把注意力放在自我提升上

每个人都有自己的观点和考量，不会所有人都站在你的角度考虑问题。很多时候，语言的解释是苍白无力的，远远不如用时间和行动证明自己，这会比三寸不烂之舌更加让人信服。

菁菁和阿丽是大学时代的同窗，也是最好的闺蜜。大学毕业后，菁菁去了上海打拼，阿丽则回到了家乡的小县城，当了一名教师。阿丽虽然人回到了家乡，但是心却不甘，她一边在家当老师，一边向往着繁华的上海。她常常问菁菁工作的情况，当听说菁菁的高薪时，阿丽对自己的工资更加不满了。然而，父母坚决反对她辞职，她自己也担心到了大城市太苦太累，不能适应。就这样，两个好朋友天各一方，但也没有断了联系。

几年之后，阿丽到了谈婚论嫁的年纪，她想买房，却没有那么多钱。想起好友菁菁在上海一个月工资那么高，肯定有很多积蓄，就向菁菁求援了。不想，菁菁说自己也在准备买房，而且积攒的工资都在股市里，一下子也拿不出。听到菁菁的话，阿丽伤心极了，她觉得肯定是好朋友不想帮自己，所以找了推脱之词。

有一段时间，阿丽不再联系菁菁，偶尔菁菁找她聊天，她也是爱搭不理的。对此，菁菁并没有解释什么，她只说："各人有各人的难处，大城市开销很大，房价也贵得离谱。"就这样，两个好朋友生分了，淡淡地保持着联系。

直到和男友结婚度蜜月去了一趟上海，阿丽才知道菁菁在

上海的生活并不像她想得那么风光。首先，上海的房价的确是太高了，难怪菁菁提到买房的时候满是无奈呢，此刻，她终于理解了菁菁说的房奴是什么意思。其次，在大城市生活，各种成本和开支飙升，菁菁虽然拿着高薪，手里却近乎没有积蓄。这次蜜月旅行，阿丽没有打扰菁菁，回家之后，她和菁菁恢复了亲密友好的关系，虽然菁菁依然没有解释。

作为旁观者，我们永远不知道当事者真实的情况。就像事例中的阿丽，如果不是蜜月旅行去了上海，亲身体验了上海的高消费，高房价，也许还会一直埋怨菁菁没有帮她。幸好，这趟旅行让她理解了菁菁的苦衷。虽然菁菁自始至终没有解释，但对阿丽这样的真朋友，不需要解释，她也总有一天能理解。

在生活和工作中，误解常常发生，如果我们总是想消除掉所有人心中对我们的疑惑，那么我们就什么也做不成了。误解始终存在，我们仍要坦然地活着，坦然地做最真实的自己。

你要做最好的自己，散发自己独具特色的光芒

有一首诗为很多人打开了心结：

第四章

经营自己，把注意力放在自我提升上

如果你不能成为山顶上的高松，那就当棵山谷里的小树吧，但要当棵溪边最好的小树。如果你不能成为一棵大树，那就当一丛小灌木；如果你不能成为一丛小灌木，那就当一片小草地。

如果你不能是一只香獐，那就当尾小鲈鱼，但要当湖里最活泼的小鲈鱼。如果你不能成为一条大道，那就当一条小路；如果你不能成为太阳，那就当一颗星星。决定成败的不是你能力的大小，而是做一个最好的你。

我们不必迷茫，也不必彷徨，我们最需要做的就是不断地提升自己，完善自己，做最好的自己。正如小诗中说的："决定成败的不是你能力的大小，而是做一个最好的你。"

有一个班级里来了一个特殊的女孩，身体残疾，还是一个哑巴，整体形象也并不突出。

女孩在班里就这样静静地学习、生活，似乎并没有因为自己的特别而感觉有什么不同。有一天上形体课，轮到了她上台。在全班的笑声中，女孩不卑不亢地走到舞台上，偶尔地挥舞着她的双手；仰着头，脖子伸得很长，与她尖尖的下巴形成一条直线；她的嘴张着，眼睛眯成一条线，淡定地看着台下的学生；偶尔她也会支支吾吾地，不知在说些什么。

大家都在嘲笑女孩，就在这时，女孩的表演结束了，班上的调皮鬼突然站了起来，说："同学，我们都知道你的身体有残疾，你是怎么看待自己的呢？你的表演真的好可笑。"这句话引得周围几个同学也哈哈大笑。

可是，同学间的嘲笑和刻意挖苦并没有引起女孩的不满，女孩平淡地笑了笑，转身拿起粉笔在黑板上非常洒脱地写："1.我是一个可爱的女孩！2.我的腿很长很美！3.我的爸妈很爱我！4.我的绘画很出色！5.我擅长写作！6.我的猫咪惹人喜爱！"一时间，整个教室都变得非常安静，那个讥讽她的男孩子也低下了头。女孩又向大家微笑示意，接着写："我拥有很多，我很幸福，我不会看那些我没有的东西。"当她转身的那一刻，全体同学都给予她最响亮的掌声，那是一种赞美，也是一种敬意。那句话让同学们都热泪盈眶，深深地印在了自己的心里。

认真地做自己，做最好的自己，充分发挥自己的潜能，你就会成功。世上没有完美的人，也没有完美的事，不要去比较，也不要自卑，相信自己，即便你不是人群中最优秀的，但是你一定可以成为最优秀的自己。有一位诗人曾说过："不可能每个人都当船长，必须有人来当水手，问题不在于你做什么，重要的是能够做一个最好的你。"把身边的事情做好，就是生活中的成功。

第四章

经营自己，把注意力放在自我提升上

面对贫穷的绝望，总有人能勇敢向前

很多人在年轻时，都很难理解鲁迅所说的"真的勇士，敢于直面惨淡的人生，敢于正视淋漓的鲜血"这句话。直到有所经历后，人们才明白，真正的勇士应当是热爱生命，并会为了更好地生活下去而更加勇敢的。

生而为人，最大的困难、最悲惨的境地绝对不是濒临死亡，而是面临贫困的绝境，连生存下去、好好生活都已变成了一种奢望。在这种情况下，仍然保持一颗忍耐坚持的心，不与他人比较，不怨天尤人，而是继续努力生活的人，才是生命的勇者。只有真正经历过"绝望"的人，才能真正体会生活的真相。

市区内有一家珠宝店开业，为了拉拢人气，烘托欢快气氛，店主找来了一位临时工，让他穿上厚重的玩偶服在店门口招揽客户。玩偶的形象是一只呆萌的恐龙，开业当天，人流量不错，在这只呆萌恐龙的吸引下，珠宝店门口聚集了一大波的人群。很多人都选择停留，驻足观赏这只呆萌的恐龙，店主为了让人气爆棚，要求这只"恐龙"不要停止摇晃，继续摆动。"恐龙"一刻不敢懈怠，即便自己头晕目眩，汗流浃背，踉踉跄跄险些摔倒。人们都为这只坚持摇摆的"恐龙"喝彩，人群中不断传来叫好的声音。

而当这只"恐龙"脱下厚重的玩偶服的那一刻,所有人都惊呆了,"恐龙"的扮演者竟是一名头发已经花白的老大爷,可爱的衣服和苍老的脸极为不搭,甚至显得有点滑稽可笑,但是那一刻,没有人能够笑得出来,反而觉得愧疚万分。而正当人们愧疚之余,老人却开心地笑了,因为他得到报酬了。顶着烈日和闷热换来的劳动报酬,让老人心满意足地扬起了嘴角。

贫穷从来不会因为你的年龄和身世而对你格外开恩,眷顾无比,它只会钳制着每一个人,让你明白活着并不容易。就像冈察洛夫曾经说的:"生活中并非全是玫瑰花,还有刺人的荆棘。"而对穷人来说,命运便是那刺人的荆棘。但是,贫穷或许可以摧残生活,却永远无法磨灭活着的希望。

电影《阿甘正传》里,有这样一段话:"生活就像是一盒巧克力,你永远不知道下一颗会是什么味道。"没错,生活对我们每个人而言都充满了苦涩与无奈,但是,这世上如果只剩下一种真正的英雄主义,那便是认清生活的真相之后,还是选择热爱生活。而这世上也只有一种真正的坚强,那就是即便已经被贫困逼到了墙角,却还是选择顽强地活着。因为,坚强地活着,其实比任何选择都要勇敢。即便经历了诸多磨难,遭遇了人间悲剧,却依然选择坚强生活的人,其实最勇敢。

很多时候,我们都会自嘲:"何以解忧,唯有暴富。"这句话虽然是一种调侃，但在一定程度上其实是没有错的。面对生活，我们各自有着不同的欢喜与悲伤，但是面对贫穷，我们品尝到的苦楚却是同一种味道。

但是，让人潸然泪下的是，曾经被贫穷和绝望逼迫过的我们，却从未真正选择放弃过对生命的热爱。我们总是一边吃着生活的苦，一边又深深地热爱着生活，因为我们打从心底里相信：风或许可以吹倒一面墙，却吹不走一只有生命的蝴蝶；贫穷与绝境或许可以摧残我们的生活，却永远无法磨灭活着的希望。生活对任何人而言，其实并没有值得探究的地方，而努力地活着，即便很辛苦却也用心地活着，便是生活的真相。因此，即便这个世界真的很薄情，我们也要做自己生命中的勇者。我们可以困于贫穷，却不能失去对生命的希望。

经营你的天赋，人生就不再平庸

人人都有天赋，但未必人人都能认识到自己的天赋是什么。这是因为每个孩子在小时候对自己的认知，总是受到他人的影响，尤其是父母的评价，更是决定了孩子如何定义自己。等到长大成人，又为了维持生计而四处奔波，导致无暇顾及自己感兴趣的或者擅长的事情，就在不知不觉中就埋没了天赋，人生也变得平庸。

　　没有人愿意自己的人生平淡无奇，既然如此，就应该发展天赋，让人生变得与众不同。必要的时候，父母要有意识地从小发现和挖掘孩子的天赋。例如，在给孩子报名参加兴趣班时，年幼的孩子根本不知道自己真正喜欢或者擅长什么，父母就要在尝试的过程中认真观察孩子。再如，长大成人之后，每个人也要多问问自己的内心，自己倒底喜欢什么，观察自己在生活和工作中擅长什么，从而让人生的发展事半功倍。

　　台湾大名鼎鼎的漫画家朱德庸有很多经典的作品，不但在台湾地区富有影响力，而且在大陆地区也得到了广大读者的欢迎和喜爱。然而，朱德庸并非从小就擅长画画，而且他的学习成绩很差，甚至连最普通的学校都不愿意接受他。还有些老师公开指责朱德庸简直太笨了，这直接导致朱德庸在很长一段时间内都认为自己是笨蛋。直到十几年后，朱德庸才明白只是因为有学习障碍，所以才在学习方面表现出极大的劣势而已。不过，朱德庸也发现了自身的一个特点，那就是很喜欢图形，不但对图形拥有鉴赏力，而且也乐于拿起画笔创作。很快，朱德庸就把生活的重心调整到绘画中，他从外界受到伤害的心，一旦回到绘画的世界，就会变得简单快乐、非常纯净。

　　因为朱德庸在学习方面奇差无比的表现，父母也经常会被

第四章 经营自己,把注意力放在自我提升上

老师叫到学校,接受批评。尽管如此,父母依然无条件支持朱德庸画画,爸爸还亲自裁剪白纸,为朱德庸订制绘画本。直到若干年后他在漫画方面有了伟大的成就,朱德庸才真正释然。一旦提起天赋,他总是感慨万千:"不管是人还是动物,都有自己的天赋。老虎有锋利的牙齿,兔子身形敏捷,狡兔三窟,因而能在残酷的自然环境中生存。人也是如此,唯有发现自己的天赋,顺应自己的天性去发展,才能真正得到快乐。否则,违背天性的选择,只会让人生充满痛苦。"

人人都有天赋,遗憾的是,现实生活中,真正能够发现自身的天赋,并把天赋发挥得淋漓尽致的人,少之又少。面对平庸的人生,千万不要随意抱怨日常生活平淡无奇,而要更加积极主动调整好心态,发掘出自身的天赋,激发自身的潜能,让人生绽放异彩。

还有些孩子从小受到父母严格的管教,原本表现出一定的天赋,最终却因为习惯而渐渐地掩盖天赋,变得平庸。由此可见,如果教育不当,不但不能成就孩子的发展,反而会导致孩子的天赋被埋没,也使得孩子遭遇困厄。曾经有位名人说,和教育相比,天性对人生具有更大的影响力。不难看出,天性对人的确是至关重要的。一个人要想拥有与众不同的人生,就一定不要忽略天赋,唯有深入挖掘天赋,再加以大力发展,才能让天赋为人生助力,为人生加分。

第五章

唯有折腾过、尝试过，人生才能不后悔

第五章
唯有折腾过、尝试过，人生才能不后悔

勇敢尝试，给自己一个新的选择

依稀记得上中学的时候，成为一名作家一直都是我的梦想。为此，我每晚在学习之余都熬夜创作。有一天，班主任陈老师把我叫到办公室，对我说道："学校成立了一个国旗下演讲团，每个班都需要推荐一名同学加入，我准备推荐你加入，你好好准备准备，你看可以吗？"年幼的我一听说要站在国旗下，面向全校师生做演讲，与生俱来的羞怯与不安立刻浮上了心头，便猛地摇头："这……陈老师，我不行的，在国旗下演讲要当着全校师生的面，演讲稿一定是高水平、高质量的，我虽然爱好写作，但我的文笔还远远没有达到那么高的水平，陈老师，你还是另找那些文笔更好的同学吧。"

陈老师见我拒绝，便问道："你不是爱好写作，并梦想能够成为一名作家吗？现在有这么好的机会，你为什么要推辞呢？"可惜年幼的我当时并没有意识到，很多机会一旦失去了就再也没有了，也一直认为自己还很年轻，未来等到我文笔水平提高了，再抓住这样的机会不是更好？于是，我思考片刻，给了陈老师一个"冠冕堂皇"的理由:"陈老师,我觉得这和我的梦想是两回事,我的确爱好写作并且梦想成为一名作家,但是我目前的文笔水平还没达到能够代表整个班级的程度。班级里很多同学的写作水平都比我高,相比之下,我觉得我自己没有资格成为'国旗下演讲团'中的一员,我觉得不能因为我自己的梦想,就霸占其他同学展示自我的机会。"

就这样,年幼的我拒绝了原本可以属于自己的美好机会。此后的每周一,听到其他同学在国旗下水平参差不齐的演讲,都会为自己当初的拒绝而后悔。其实很多时候,机会来临了,本就应该硬着头皮去做,不管结果好坏,至少你不用因为从未去尝试过而后悔。

人生就是这样充满苦涩与无奈,错过的事情就再也无法回头。每当回忆的时候,你会发现,自己遗憾的从来只是那些未努力去做的事情,而绝不会是曾经勇敢尝试过的事情。纵使当时的勇敢尝试以失败而告终,人生不过是增添了一个经历与排除了一个新的选项而已。可能你会因为失败而懊恼一阵子,但绝不会因为未曾参与而遗憾一辈子。拿破仑·希尔曾经说过一句名言:"如果现在的你很贫穷,你就应该静下心思考这样几个问题——第一个问题,你为什么贫穷?第二个问题,你想脱离贫穷并且变得富有吗?第三个问题,你觉得自己应该怎样做才能变得富有呢?"无疑,这三个问题归结到最终,最关键的

第五章 唯有折腾过、尝试过，人生才能不后悔

就是解决第三个问题，而这也足以说明：人生中一切的问题都可以归结为如何行动。

生活中总是会遇到很多"坐井观天"的人，他们拿着固定的工资，却总是不断地抱怨，抱怨自己工作的辛苦、生活的艰辛，抱怨上司的难以相处与别人的快速晋升，却唯独从不反思自己是否足够勤劳，足够努力。而生活中的强者们却极少抱怨，并不是他们从未有过这些烦恼，只是时间宝贵没有用于抱怨的时间和精力。人生苦短，与其浪费时间抱怨，不如将所有的时间都用来努力奔跑。而等你跑到足够远时便会发现：生活中值得你去抱怨的人与事越来越少了。

人生不是被安排好的剧目，我们也没有生活在可以肆意许愿的童话世界。每一个成就的达成不仅需要我们拥有智慧的头脑和勤劳的双手，更需要我们拥有一颗不顾一切的坚定决心。而只有敢于尝试，才可能最终获得成功。如果只是因为胆怯而放不下自己的重重顾虑，永远将自己束缚在自我舒适的区域内，人生必定是无聊且寂寞的。唯有勇敢尝试，你才会发现自己的潜力如此强大。或许你害怕失败，害怕打破原有的稳定生活状态，害怕一切未知的变数与无法预知的风险，但是，这并不是你裹足不前的理由。勇敢地迈出尝试的第一步，你会发现，其实一切都没有想象中的那么可怕。即便真的失败了，大不了只是从头再来而已。既然你想要去改变，那么，还有什么是你输不起的呢？

时间对每个人都是绝对公平的。相同的一生内，有人勇敢尝试，将生活过成了自己理想的模样；有人遇到挑战就停滞不前，只能是原地踏步，最终被时代淘汰。这两种显而易见的走向与结局，你会怎么选择呢？不要总是感叹人生的不公平，将感叹与抱怨的时间用来改变自己吧。既然我们无法改变过去，那么，又何必浪费更多的时间呢？因此，当你有所想法的时候，当你想要改变命运的时候，当你想要重新书写人生的时候，勇敢地给自己一个尝试的机会，积极地面对任何可能存在的挑战吧。苦涩的人生总是需要付出辛劳和汗水的，而既然已经付出了辛劳和汗水，不妨再给自己的人生加点码，再给自己的生活加把劲，勇敢尝试，给自己一个新的选项，成就更好的人生。

所谓的机遇，来自于你的创造

美国钢铁大王安德鲁·卡内基曾经说过："机会从来都是自己努力创造的，任何人都有机会，只是有些人善于创造机会罢了。"诚然，世上并没有免费的午餐，也自然不会有平白无故就砸到你头上的机会。仔细观察，你就会发现，但凡成功

第五章 唯有折腾过、尝试过，人生才能不后悔

者，都是善于创造机会的人，他们总是在有机会的时候立刻抓住机会，没有机会的时候就去创造机会。

机会从来都是成功的跳板。聪明的人从来都不会浪费时间在白白等待"机会从天而降"这件事情上，因为他们知道，机会从来都不会平白无故地降临。他们总是主动而积极地向机会扑过去，从千万个机会中打捞自己真正想要的"黄金"。或许有人会说，机会多么难得，哪里能够说创造就创造。很多偶然性的客观机遇固然需要等待，但我们自身的主观能动性却更加应该被重视。而且，等待机遇的过程也并不应该完全是被动接受，同样需要你有积极的准备，需要你主动出击。

加藤信三是日本著名牙刷公司狮王牙刷的一名普通工人。有一天，他稍微起得晚了一点，急急忙忙刷完牙去上班。结果因为刷牙太过匆忙，牙龈被刷出了血，很是影响心情。为此，加藤信三很生气，也很郁闷，在去上班的路上仍是一肚子的牢骚和不满。

到了公司以后，偶然的一次机会，他得知其他的同事也有这样的烦恼，这让加藤信三看到了机遇。他决定着手调研"为什么刷牙会造成牙龈出血"这件事情，是因为牙刷材质的问题，还是刷牙习惯的问题呢？于是他召集了有相同烦恼的几个同事，一起想办法解决刷牙容易伤及牙龈这个问题。

为此，他们想了不少的解决方案。例如，将牙刷毛改为柔

软的狸猫毛；在刷牙前先用热水将牙刷毛泡软；用些更好的牙膏；改变刷牙的速度，慢慢地刷牙……可惜的是，这些实验的结果最终都不太理想。后来，他们进一步检查了牙刷毛的材质。在放大镜下，他们发现，原来牙刷毛的顶端并不是看上去的尖形，而是四方形的，怪不得牙龈总是会出血了！于是，他们着手改进，将牙刷毛的顶端改成了圆滑的球形。这次，他们实验成功了，用这样的牙刷刷牙，即便很匆忙，牙龈也不会轻易出血。

没过多久，公司高层正准备全厂征集改良牙刷、促进销售的新方案。加藤信三改良的牙刷获得了公司高层的一致认可。在进一步实验论证及成本核算后，公司高层决定立即更换生产线，将所有的牙刷产品都采用顶端为球形的牙刷毛。改进后的狮王牙刷在广告的宣传下，很快打开了更多的销路，一跃成为销售量占全国同类产品30%~40%的牙刷大王。加藤信三也由普通员工晋升为主管，十几年后成为了该公司的董事长。

生活往往就是这样，在某种意义上，问题就代表着机遇，没有问题，也就不会有机遇存在的可能。因此，生活在问题中的我们，其实应该怀抱感恩，拥抱思考，遇到问题的时候多多思考该怎么解决，这样才有可能会遇到真正属于自己的发展机遇。

有没有机会、能否得到机会，其实关键是看你以什么样的态度，什么样的角度对待身边的这些机会。成功从来不会凭空来到我们的身边，而是要靠我们积极地创造。平凡的我们想要获得成功，就必须要多花一些心思，多努力一些，才有可能得到命运的垂青。如果我们一直被动等待，等着别人将现成的机会送到我们的面前，显然是不现实且不可能的事情。因此，我们在未来奋斗的日子里都要时刻牢记：良好的机遇要靠自己创造。

谋事在人，成事在天

什么是机遇？机遇是一种有利的环境因素，让有限的资源发挥无穷的作用，借此更有效地创造利益。所谓"谋事在人，成事在天"，说的是事业的成功在于两方面的因素，一是主观努力，二是客观机遇。很多人在生活中因为抓不住机遇而总是徒留遗憾，最终后悔莫及。机遇就在我们指缝间，稍纵即逝。所以说，当机遇走到我们身边的时候，我们一定要在有限的时间内好好地把握住它。

《飘》这部文学名著在文学史上产生了很大的影响，根据

强者思维

《飘》改编的电影也很受人追捧,其中因扮演女主角郝思嘉而大放光彩的费雯丽也得到了很多人的喜爱。我们或许不知道,在接下这个角色之前,她其实只是一个不受瞩目的小演员。她之所以能够一举成名,就是因为她大胆地抓住了表现自我的良好机遇。当《飘》开拍时,女主角的人选还没有最后确定。毕业于英国皇家戏剧学院的费雯丽当即决定争取出演郝思嘉这一角色。"怎样才能让导演知道我就是郝思嘉的最佳人选呢?"这个问题困扰着她。

费雯丽想了很多方法,最终做出了一个决定,她要自己向制片人举荐自己,证明她是最合适的人选。一天晚上,刚拍完《飘》的外景,制片人大卫又愁眉不展了。这时,他看到楼梯上走下来两个人,一位陌生的女士一手扶着男主角的扮演者,一手按住帽子,居然把自己扮演成了郝思嘉的形象,那双明亮的眼睛,那纤细的腰肢,无不让人惊艳。当时大卫感到非常好奇,她的举止有一种似曾相识的感觉,正在这时,男主角兴奋地向他喊了一声:"喂!请看郝思嘉!"大卫一下子惊住了:"天呀!真是踏破铁鞋无觅处,得来全不费工夫。这不就是活脱脱的郝思嘉吗?!"于是,费雯丽被选中了。

这就是懂得为自己创造机遇的人,费雯丽用自己的智慧制造机会,因而接下了这一角色,从而一举成名。机遇是非常重要的,我们要懂得为自己创造良好的条件,这样才能更好地达成我们的目标，实现我们的愿望。

机不可失，时不再来，我们每一个人都明白这个道理，可是能做到的又有几个呢？抓住了机会，我们就可以乘风而起，登上成功的巅峰；如果错失了机会，我们就可能会与唾手可得的成功擦肩而过，因而懊悔不已。你不理机遇，机遇也不会理你，你离自己的梦想就会越来越遥远。当机遇来临时，我们一定要紧紧地抓住；当没有机遇的时候，我们也不要苦苦等待，无所事事。我们要结合时局为自己创造机遇，才能成为一个有所收获，有所成就的人。

不放弃每一个机会，人生才有多种可能

人生从来不是平顺的，只有亲自经历，人生才能更加丰富和厚重，也才能有与众不同的未来。如果人生没有经历，不曾失去，也不曾遭受任何辛苦，那么人生必然是轻飘飘的，甚至会变得漫无目的。很多人都渴望自己的人生一帆风顺，也希望人生能够有美好的未来，却不知道人生之中唯有经历坎坷和辛苦，才能最终有所成就。

生活中，处处都有看不到的高墙，或者在我们面前，或者

在我们脚下。有的时候，这堵墙我们哪怕推了很多次，也不会轰然倒塌。人生是无常的，面对高墙，我们要做的是多推几下，而不是避开这堵墙。因为很多灾难都是不期而至的，根本没有预期和征兆。反倒是我们努力去推，直面问题的所在，也许反而能够更好地应对。在这个世界上，没有任何人愿意吃苦，但是没有人的人生会始终泡在蜜罐里。人生的确充满艰难，每个人的生活都有烦恼，万事如意这句祝福语几乎不可能变成现实。

每个人的命运都掌握在自己手里，不管什么时候，我们都要坚定不移地走好人生之路，即使遇到坎坷挫折也绝不放弃，这样才能做好万全的准备，不放弃每一个机会。否则，如果我们总是守株待兔，而又不知不觉地睡着了，那怎么能抓住转瞬即逝的好机会呢？

大学毕业之后，小陈不甘心留在家乡，于是和同学结伴去南方打工。到了南方的城市里，原本刚刚走出大学校园春风得意的小陈，才发现大城市里大学生一抓一大把，本科毕业基本没什么优势。和同学一起进入了一家普通的小公司工作没多久，小陈不愿意继续过朝九晚五的生活，因而决定自己创业。他打电话回家，跟爸爸妈妈借了几万块钱，和同学合伙开了一家家政服务公司。后来，他觉得家政不好干，看到隔壁做装修的人生意很好，而且工人都是现找的。为此，他灵机一动，瞄准了不需要大投入的美缝剂生意。

简单培训了几个工人后,他与隔壁的装修公司达成了合作关系,那家装修公司经常给他介绍一些客户。小陈也没有当老板,而是和工人一起干活。渐渐地,他的生意越来越好,后来他还做起了很多其他关于装修的生意,五年过去了,他顺利开了一家装修公司。也因为亲力亲为,他的装修质量非常好,很多老客户都愿意与他合作。

小陈之所以能够抓住时机做好生意,就是因为他总是做好准备,主动出击,而不是被动地等待人生中不期而至的机遇。这样的主动,让小陈能够更好地把握人生,也让小陈真正成为命运的主宰。

毫无疑问,没有任何人愿意吃苦,但没有任何人能够避免吃苦。当人生遭遇很多困境时,我们必须咬紧牙关坚持,才能突破人生的困境,实现自己的理想。

不怕折腾,才不会在安逸中沉沦

面对不那么令自己满意的人生,很多人的借口就是"我没有生在好时候"。的确，这个理由表面上简直无懈可击，因为没有人能决定自己何时出生，生在哪个年代，或者生在哪个家庭中。因而把人生中的不满都归于出生，就再也没有人能够加以指责。殊不知，恰恰是这句话让当事者彻底放弃进取，也对人生疏于努力，因为他们已经为自己找到了最好的借口和理由，让自己继续懈怠和松散。

什么时候才是好时候呢？可以说，从来没有人真心觉得自己生在好时候，因为生活中总是有太多的不如意，正应了那句话，人生不如意十之八九，也正因为如此，人生总是会有更多的遗憾。那么，生在什么时候真的会决定一个人的一生吗？也许大环境对人的影响是不容忽视的，但一个真正敢于奋斗、努力的人，却从不会在安逸的生活中让自己沉沦。哪怕外界的环境充满艰难坎坷，他们也总能找到理由激励自己，让自己不断地努力奋进，最终到达从容潇洒的境界。

我们必须清楚一点，那就是不要把人生的波澜起伏归咎于时代，因为每个人的人生都把握在自己的手中，只有真正掌握命运，才能驾驶命运的帆船远航。否则，如果自己不努力，哪怕身处的年代再好，也是完全没有办法操控人生的。很多时候，过于安逸的生活也会让人不愿意挑战，其实这是因为安逸磨灭了人的斗志。人们常说时势造英雄，是因为在乱世之中，人们不得不折腾，不得不努力奋斗，最终彻底扭转了命运。由此可见，被逼上绝路也并非是一件坏事，因为这个世界真的

第五章

唯有折腾过、尝试过，人生才能不后悔

是天无绝人之路。在绝路上，头脑会更加活泛，又因为无路可退，反而能够破釜沉舟，让自己做出真正伟大的事业。

妈妈一直都说自己没有生在好时候，是因为她出生的时候国家贫穷困难，而她又生在一个子女众多的家庭中，为了响应上山下乡的号召，排行老三的妈妈义无反顾地去了新疆。妈妈在新疆整整待了十年，可以说新疆是她的第二故乡，她在新疆每天都很辛苦劳累，不知道在辽阔的土地上挥洒了多少汗水和泪水。直到28岁，妈妈才回到了自己的出生地，回到了姥姥姥爷身边。离开新疆的时候，为了留个纪念，妈妈居然千里迢迢背回一个大木墩儿，送给姥姥姥爷当菜板。如今我都已经二十多岁了，每当想要抱起大菜板，用了很大力气，也很难一下子就抱起来。我简直难以想象看似柔弱的妈妈当初是如何辗转万里之遥把这个沉重无比的大家伙带回来的。

妈妈回到出生地之后，就进入一家工厂当工人，然而在辛辛苦苦干了二十多年，还没等到退休的年纪时，妈妈就被辞退了。说是辞退，实际上是内退，也就是说妈妈还可以照常拿退休金，但在退休之前的这段时间里，妈妈却没有了薪水，只能另想办法养活自己。从这时开始，妈妈再也不说自己没赶上好时候了，因为她已经无暇去说了。面对着上大学需要学费的我，她只能四处奔波，寻找生路。她批发了很多衣服，四处售卖，就连整个大家庭聚餐的时候，她都会带着几件样品推销给兄弟姐妹。

有一段时间，服装不好卖，妈妈就又开始卖化妆品。同样的路，她再次走了一遍，然而这一次效果很不好。毕竟家里的亲戚朋友也许能照顾一次她的生意，却不能经常照顾她的生意。后来兴起了保险，妈妈就成为了全镇第一批保险业务员。刚开始时，她的保险业务推销得很不顺利，因为当时的人根本就没有购买保险的意识。此后，妈妈还干过房产中介、职业介绍所、家政服务公司。总而言之，妈妈亲自验证了生命不息，折腾不止那句话。

十几年的时间过去，妈妈终于熬到了退休的年纪，过上了踏踏实实的退休生活。然而已经忙碌惯了的她闲不下来了。虽然不用再为生活发愁，作为她唯一的儿子的我也已经有了工作，拿着丰厚的薪水，但是她又开始折腾了。看着妈妈每天忙忙碌碌的，我不由得感慨：也许正因为折腾，妈妈才能青春永驻吧！

生命不息，折腾不止，并不只是针对年轻人的，而是针对每一个人。相比起很多成功的人而言，普通人的人生也许会更加平淡顺遂，但是成功者在真正获得成功之前都一定经历了大风大浪。然而一个人要想真正获得成功，首先就要突破自己，不要在内心深处禁锢自己，才能让自己更加有尊严地活着。

现代职场上，很多年轻人都常常会觉得备受打击和折磨，他们总觉得自己的能力很高，却始终找不到合适的平台发展自己。有的时候，他们因为能力不足被单位开除了，还会觉得委屈万分。实际上，每一段人生都不是白白经历的，一个人只要始终心怀希望，不愿意放弃，他总能养活自己，也总能在吃苦的年纪中拼搏出属于自己的精彩人生。

绝不犹豫，果断才能出强人

在希腊的神庙中，存有一团麻绳连环套，有人预言：谁能解开这团麻绳，谁就能征服亚洲。几百年过去了，都没有人能成功解开这团麻绳。后来，亚历山大率军来到这团麻绳前，不加斟酌，便拔剑砍断了绳结。后来，他果然一举占据了比希腊领土大50倍的波斯帝国。

果断，是一种意境，只有果敢行事、当机立断的人，才会让人钦佩、羡慕、信赖，并获得安全感。自古以来，成大事者，必是果断决策、果断行事的人，那些在机遇面前犹犹豫豫、优柔寡断的人，只会让事态慢慢恶化，让平庸的标签印刻在自己身上。

你的犹豫也可能是对别人的一种伤害。要知道，他人的性命、前途、得失，可能都在你的一念之间，稍有犹豫，破坏因素就会趁虚而入，造成令你后悔莫及的结果。犹豫，其实是一种惰性，这种惰性会侵蚀你的灵魂，让你原本明亮的灵魂变得暗淡无光。

回想过往，从小到大，我们有很多的愿望，可时至今日，真正实现的，却只有很少的几个。为什么会这样呢？可能就是因为我们遇事不够果断，总是思前想后，犹豫不决，在还没有想清楚的时候，又有新的事情发生了，而你原先的想法，只能就此耽搁下去。长此以往，你不能实现的愿望越积越多，多得连你自己都数不清了。在夜深人静的时候，你不断地问自己：如果当初没有犹豫，还会有现在这么多的遗憾吗？

现代社会，万物都是瞬息万变，机会的到来也只是一瞬间的事情，稍有犹豫，它就会消失。果断的人可以抓住机遇，使人生减少许多痛苦和磨难；而犹豫不决的人，则只能看着别人带着机会一路好走，自己却在后面艰难前行。这是一个需要果断的时代，果断才能出强人，果断才能出英雄。有些年轻人犹豫，与机会失之交臂；有些年轻人果断，总能把握先机。但也有这样的情况：不假思索地登船，走了一程才发现方向不对；清除院子里的杂草，最后却发现里面有名贵的牡丹。果断不是盲目的冲动，不是不经大脑的愚蠢。真正的果断，是深思熟虑之后的最佳选择，是抓住转瞬即逝机会的睿智。而那些想到什

第五章 唯有折腾过、尝试过，人生才能不后悔

么就不计后果地行动、把事情越搞越糟的人，往往只是自作聪明，终将聪明反被聪明误。

滚滚长江东逝水，滔滔黄河不回头，它们迟疑了吗？没有。因此，它们铸就了一泻千里、浩浩荡荡的气势。鲜花抛弃了美丽，绿叶摒弃了绿意，义无反顾地投入了黑色土地的怀抱，它们迟疑了吗？没有。因此，它们化作营养，滋润着万物。果断是人生的一张关键牌，拥有它，生命就拥有了打开成功之门的钥匙。

第六章

强者绝不服输，
成功只属于坚持到最后的人

坚持下去，成功只属于冲刺到终点的人

初入社会，任何一个年轻人都满腔抱负，希望可以一展拳脚，做出一番成绩，但现实告诉他们，必须从最基础的工作做起。这对心浮气躁的年轻人而言，无疑是更高层面的挑战。艾森豪威尔说："在这个世界，没有什么比'坚持'对成功的意义更大。"的确，世界上的事情就是这样，成功需要坚持。雄伟壮观的金字塔能够建成，是因为它凝结了无数人的汗水；一个运动员要取得冠军，前提就是必须坚持到最后，冲刺到终点，如果有丝毫松懈，就会前功尽弃，因为裁判员并不以运动员起跑时的速度判定他的成绩和名次。无论你做什么事，要想获取成功，就得付出坚强的心力和耐性，在失败面前要有"再努力一次"的决心和毅力。

一个人如果能专心致志于一行一业，不腻烦、不焦躁，埋头苦干，不屈服于任何困难，坚持不懈，就能造就优秀的人格，而且会让你的人生开出美丽的鲜花，结出丰硕的果实。

爱迪生曾经长时间专注于一项发明。对此，一位记者不解

地问:"爱迪生先生,到目前为止,您已经失败了一万次了,您是怎么想的?"

爱迪生回答说:"年轻人,我不得不更正一下你的观点,我并不是失败了一万次,而是发现了一万种行不通的方法。"在发明电灯时,他也尝试了上千种方法,尽管这些方法一直行不通,但他没有放弃,而是一直尝试,直到发现可行的方法为止。他证实了大射手与小射手之间的唯一差别:大射手只是一位继续射击的小射手。

再看一个年轻人的故事:

小陈毕业于某大学经济系。当初,他希望成为国家机关公务员。他想,省里的难考就先考市里的,要是市里的也难考就先考县里的。"我会一直努力参加考试,总有一天能在大城市的机关单位就职。我要让我的家人和我一起走出大山,在城里买大房子,让家人们开汽车。"大学刚毕业的小陈,对自己的人生方向有着很明确的规划。

但现实有时候就是这样,想要什么,就偏不给什么。屡战屡败后,小陈一度陷于低谷。"刚毕业的大学生,由于缺乏社会经验,基本上都是在面试时败下阵来。对于那些五花八门的问题,和一些专业性很强的术语,我感觉无从下手。"小陈

第六章

强者绝不服输，成功只属于坚持到最后的人

说。"生活不是你想要什么就来什么，咱努力过了也就没有遗憾了。如果现在条件还不成熟，那就试着先干干别的。等将来有机会再考。总不能吊死在一棵树上，你的路还很长啊！"父亲的这番话点醒了小陈。

考不上公务员，至少也要在大城市找工作。小陈是个心高气傲的人，总觉得自己是有能力做一番事业的，只是还没有遇到机会和赏识他的伯乐。于是，他开始关注省城的招聘信息，也试着投简历、面试。

运气还算好，由于小陈学历不错，长相清秀，谈吐大方自然，一些私企有意向录用他当文员或者秘书。"办公室里的好多人员的学历不如我，能力也不如我，我觉得我在这里大材小用了。"辗转了好几个类似这样的工作，他就是做不长。

"就在我快要对自己的未来感到绝望的时候，我遇到了表哥。他连小学都没毕业，如今却开着名车，还娶了城里的漂亮媳妇。"小陈的心里很不是滋味。

表哥告诉他："和我比，你可是幸福多了。有这么多人疼着你，还供你上了大学。你看你一表人才，前途光明着呢，别丧气啊！人有时候不能太较劲了，不能急于求成，也不能把自己看得太高。苦你得吃，气你得受。你哥我就是端过盘子、洗过碗，被人骂过，一步一个脚印，踏实地走，才有了今天。"表哥的经历让小陈彻底明白了一个道理：要想成功，起点固然重要，但脚踏实地的努力更重要。后来，小陈平静下来，在省城一家四星级酒店找到了工作，现在他已经是前台经理了。

可能很多年轻人和小陈有着相同的经历，满腔热血却被现实浇灭，但扪心自问，问题却在自身。与其打着灯笼满世界找满意的工作，不如踏踏实实，勤奋工作。要知道，没有伟大的意志力，就不可能有雄才大略。可能目前这份工作让你感到很沮丧，你觉得前途渺茫，但你真的做到了勤恳工作吗？如果努力工作了，你就会发现，成长始终伴你左右。

持续积累，终能成就惊人的伟业

有人说，人生就像一副牌局，真正让这副牌局精彩的人，即使得到的是最差的牌，也会坚持到最后，用心打出每一张牌。也就是说，恒心是我们每个人获得成功人生的前提。而在现实生活中，很多年轻人，无论是在学习目标还是在个人兴趣爱好上，通常都有一个缺点，那就是三分钟热度，无法持续。在追求成功的过程中，很容易因为困难的出现或者兴趣的转移而放弃最初的目标。这正是很多人始终不能有所成就的原因。

在稻盛和夫的《干法》一书中，他为所有年轻人阐述了持

第六章
强者绝不服输，成功只属于坚持到最后的人

续的力量。他说："所谓人生，归根到底就是每一瞬间持续的积累，如此而已。每一秒的积累成为今天；每一天的积累成为一周、一月、一年，乃至人的一生。同时，伟大的事业乃是朴实、枯燥工作的积累。如此而已。那些让人惊奇的伟业，实际上几乎都是极为普通的人兢兢业业、一步一步持续积累的结果。"

作为企业经营者，稻盛和夫招聘到的员工中有两类人，一类是精明能干、高学历者；另一类是处理事情迟缓、反应迟钝者，但这类人忠厚老实、勤勤恳恳。当然，任何一个企业经营者都会欣赏前者。

稻盛和夫也曾认为，前者中特别能干的人，将来可以在公司里委以重任。真的是这样吗？不，现实情况恰恰相反。后来，稻盛和夫发现，这些头脑灵活、办事利索的人才成长很快，但正是因为这样，他们常常认为自己在这家公司实在是大材小用，于是就会萌生跳槽的想法，不久就辞职离去。而最终留在公司里的、有用的，恰是那些最初不被看好、忠厚老实的人。

当发现这一点以后，稻盛和夫认为自己目光短浅，并为此感到羞愧。这些头脑迟钝的人，做起事来不知疲倦，10年、20年、30年，像蜗牛一样一寸一寸地前进，刻苦勤奋，一心一意，愚直地、诚实地、认真地、专业地努力工作。经过漫长岁月的持续努力，这些原本头脑迟钝的人，不知从何时起，就变

成了非凡的人。

当稻盛和夫第一次意识到这个事实时，很是惊奇。当然，那些人并不是在某个瞬间发生了突变，非凡的能力也不是突然获得的。

这些看似平庸的人，工作加倍努力，辛苦钻研，一直拼命地工作，正是在这样的过程中，他们打磨了自己的能力和心智。

我们生活的周围，就有这样一些人，他们并不像老虎那样迅猛，没有太多的出众的才华，他们更像辛勤耕耘的牛，持续地专注于一行一业。这样不断的努力，让他们不仅提升了能力，而且磨炼了人格，造就了高尚美好的人生。

因此，如果你哀叹自己没有能耐，只会认真地做事，其实你应该为你的这种韧劲感到自豪。

看起来平凡的、不起眼的工作，却能坚韧不拔地去做，坚持不懈地去做，这种持续的力量才是事业成功最重要的基石，体现了人生的价值，是一种真正的能力。

当然，在坚持的过程中，你可能也会遇到一些压力和困难，但要明白的是，任何危机下都存在着转机，只要我们抱着一颗感恩的心，再坚持坚持，也许转机就在下一秒。

老亨利是一家大公司的董事长，是个和蔼的老人。有一次，产品设计部的经理汤姆向老亨利汇报说："董事长，这次

第六章

强者绝不服输，成功只属于坚持到最后的人

设计又失败了，我看还是别再搞了，都已经第九次了。"汤姆皱着眉头，神情非常沮丧。

"汤姆，你听我说，我既然让你设计，就相信你能成功。来，我给你讲个故事。"老亨利吸了一口雪茄，说到："我也是个苦孩子，从小没受过什么正式教育。但是，我不甘心，一直在努力，在我31岁那年，我终于发明了一种新型的节能灯，这在当时可是个不小的轰动呢！但是，我是个穷光蛋，进一步完善新型节能灯需要一大笔资金。我好不容易说服了一个私人银行家，他答应给我投资。可我这种新型节能灯只要一投放市场，其他灯的销路就会被阻断，所以就有人暗中阻挠我。谁也没想到，就在要与银行家签约的时候，我突然得了胆囊症，住进了医院，大夫说必须马上做手术，否则就会有危险。那些灯厂的老板知道我得病了，就开始在报纸上大造舆论，说我得的是绝症，骗取银行家的钱治病。结果，那位银行家便不准备投资了。更严重的是，有一家机构也正在加紧研制这种节能灯，如果他们抢在我前头，我就完蛋了！我躺在病床上万分焦急，最后只能铤而走险，不做手术，如期地与那位银行家见面。

"见面前，我让大夫给我打了镇痛药。和银行家见面后，我忍住剧烈的疼痛，装作没事似的，和银行家谈笑风生。但时间一长，药劲过去了，我的肚子就像被刀割一样疼，后背的衬衣也让汗水湿透了。可我仍然咬紧牙关，继续与银行家周旋。我当时心里就只剩下一个念头：再坚持坚持，成功与失败

就在于能不能挺住这一会儿！最后，我取得了银行家的信任，签了合约。在送他到电梯口时我脸上还带着微笑，并挥手向他告别。可电梯门刚一关上，我就扑通一下倒在地上，失去了知觉。提前在隔壁等我的医生马上冲过来，用担架将我抬走了。据医生说，我的胆囊当时已经积脓，相当危险。知道内情的人都很佩服我这种精神。我就靠着这种精神一步步走到现在。"

汤姆被老亨利的故事感动了，他感到万分惭愧。和董事长相比，自己遇到的这点压力算什么呢？

"董事长，您的故事让我非常感动，从您身上我真正体会到了再坚持坚持的精神。我非常感谢您给我的鼓励和提醒。我回去重新设计，不成功，誓不罢休。"汤姆挺着胸，攥着拳，脸涨得通红，说话的声音有些颤抖。

事实是最好的证明，在设计到第十二次的时候，汤姆终于取得了成功。

任何人、任何事情的成功，固然有很多方法，但都离不开坚持。不管遇到什么困难，只要风雨无阻并相信自己能成功，就一定能迎来曙光、迎来成功。老亨利和汤姆的成功就是最好的证明。相反，如果我们在前进的道路上总是给自己设置重重的心理障碍，让自己刚迈出的脚步又退回原点，那又如何战胜压力，走向终点呢？唯有抱着一种不怕输、不认输的精神，保持失败后再坚持一下的勇气，才能获得成就。现在的你可能正在从事一项简单、烦琐的工作，你感受着前所未有的压力，觉得自己的前途渺茫，但请你记住，这才是人生的精彩之处。相反，如果一个人的一生过于幸运安逸，就远离了压力的考验，反而会变得毫无追求，苍白暗淡。一旦失去了必要的压力，你就会驻足不前，就等于失去了成功的基石，有一天你会发现自己的身后只剩一片悬崖。因此，面对现实工作带来的压力，不要总是想着给自己减压，还要适当给自己加压。压力是孕育成功的土壤，在沉重的现实面前，只有压力才能激发出潜能。当你无法摆脱压力时，就应该反复对自己说："感谢生命之中的压力，这是生活对我的挑战和考验。""这是命运在催促我努力学习、积极工作，给我奋发向上的动力。"换个角度看问题，改变态度，困难和压力也会减轻。

因此，只要你能看到坚持的力量，就能最终战胜风雨的洗礼，看到雨后绚丽多彩的霓虹。

机遇永远不会垂青半途而废的人

成功学家卡耐基曾经指出：一个人若想成功，除了不断进取外，还有一个很重要的条件，就是不能半途而废。半途而废是世界上最可怕的习惯之一，无论做什么事情，如果不能坚持到底，中途放弃，就永远无法成功。孟子教导自己的学生时也说，做事如同挖井，假如挖到九仞深时，由于看不到井水涌出便放弃的话，那么先前的一切努力就都付诸东流了。

很多人在走上工作岗位之初都满怀激情、充满自信，对未来有无限的向往与憧憬。但在现实中，能够真正步入成功殿堂的人则并不多。很多人的失败是因为他们无法经受困难和挫折的打击，半途而废。机遇永远不会垂青半途而废的人，相反，只有坚持自己的目标并始终如一地朝着目标努力、奋斗，最后才能摘到成功的果实，体会到胜利的滋味。历史的长河中，能够为自己的目标坚持不懈的人有很多，经历数千次失败仍不放弃的爱迪生最终找到了适合电灯的材料；数学家陈景润用完几麻袋稿纸后终于攻克了数学难题——哥德巴赫猜想；被拒绝了1009次的肯德基创始人桑德斯上校终于在第1010次成功地将自己开连锁快餐店的点子推销了出去……而被失望和困难击败、选择放弃的人更是不计其数，他们最终默默无闻，被埋没在历史的滚滚车轮之下。就像莎士比亚说的："世界上千万人的失败，都在于做事不彻底，有的甚至离成功尚差一点就终止不做了。"

东汉时期有个人叫乐羊子，他为了学到本事做一个有用的人，便告别了妻子到外地求学。求学之路枯燥乏味，加上对妻子和亲人的思念，乐羊子终于决定弃学重返故里。

第六章

强者绝不服输，成功只属于坚持到最后的人

当他回到家，推开门的一刹那，乐羊子的妻子惊呆了。这本该是上学的时间，乐羊子怎么会出现在家里？看着乐羊子身上沉甸甸的行囊，妻子明白了。她什么话也没说，径直走到织布机前，拿起剪刀，"嚓嚓"两声，将织布机上正在织的布拦腰剪断了。看着一截为二的布匹，乐羊子大叫："这块布马上就要完成了，你为什么要将它剪断？"妻子平静地说："的确还差一点就织完了，但是就算差一点，它还是一块没完成的布。何况如今我将它拦腰剪断，就更成了一块废布。"她看着自己的丈夫，继续说："这个就如同你求学，每日积累学问、完善品行，只要能坚持完成，就一定能成为一个有用的人；而没有完成学业，半途跑回家，就会前功尽弃，成为一个如同废布一般毫无用处的人。"

乐羊子听了惭愧万分，他连行囊也没放下就转身回到了私塾，继续他的求学生涯，七年之后，终于学成归来，成为一个有用之人。

乐羊子的妻子能有这般见识，实在令人慨叹而又敬佩。她将断布比作中断学业，形象地说明了半途而废的可怕与危害，终于令乐羊子重返学堂，历时七年，学成而归。"半途而废，一事无成"是古人对今人的教诲与勉励，无论是学习还是工作，任何事情浅尝辄止都是不可能取得成功的。在面对失败和挫折的打击时，往往再坚持坚持就可能柳暗花明、重获生机，然而很多人恰恰是在黎明的曙光即将到来之际黯然放手、功亏一篑的。

职场中有一类人深受欣赏，那就是骆驼型的人。他们就像沙漠中的骆驼一样，有着坚韧不拔的意志力和坚定不移的信念，无论面对的是狂风暴雨还是荆棘坎坷，都无法阻挡他们前进的步伐，他们永远向着目标一步步勇敢无畏地迈进。他们从不轻言放弃，压力越大，被激发的潜能越大，无论面对什么样的逆境和挫折，都能够越挫越勇，坚持到最后一刻的胜利。因为他们知道，只有挺过了寒冬才能迎来温暖的春天，如果放弃，就永远也看不到春暖花开。

惊喜，来自于绝不放弃的执着

成功需要很多素质，执着就是成功必备的素质之一。很多时候，成功就在转角处，人们往往经历了几次失败就颓然放弃，也因此与成功失之交臂。倘若爱迪生没有坚持到最后一刻，那么他坚持7000多次的实验就会前功尽弃，整个世界也会晚一段时间才能迎来光明。幸好他没有放弃，而是执着于自己的梦想，始终毫不气馁地面对失败，把失败作为成功的阶梯，

第六章 强者绝不服输，成功只属于坚持到最后的人

不断地实验、进取，最终获得成功。假如屠呦呦在研究疟疾特效药的过程中遇到困难就退缩不前，那她也无法成功提炼出青蒿素，更不可能获得诺贝尔奖。她在前进的道路上从未退缩，哪怕她和团队成员为了科学实验奉献了大量的时间和精力，她也依然没有放弃。正是这样的执着，才让她最终成功攻克了世界性难题，为全世界几百万身患疟疾的人带来了福音和希望。不难看出，一切的成功都来源于执着，对梦想的执着，对理想的执着，对成功的执着。

人生不如意十之八九，每个人的人生之路都不可能是一帆风顺的。唯有坚持前行，跨越层层阻碍和艰难，我们才能翻越人生的高山，到达人生的巅峰。当然，要想获得好的结果，首先应该确立人生的正确方向。相信很多人都听过南辕北辙的故事，倘若方向错误了，即便再怎么努力，也只会导致结果事与愿违。因而，我们首先要保证人生方向的正确，才能在梦想的道路上不断前行，直到成功。

毋庸置疑，一个不够执着的人往往很难获得成功，他总是因为各种各样的困难退缩，或者半途而废。只有执着于梦想，排除万难不断向前，我们的人生才能坚定地靠近成功。执着就像一把刀，最终把人生雕刻成我们希望的样子，帮助我们顺利到达成功的彼岸。

善始善终，每一步都走得扎扎实实

一个人做事需善始善终，要做好事情的开头，更要做好事情的结尾。许多人在做一件事情时，往往能很好开始，却不能持之以恒。这样的人不管怎样努力，最终的结果只是在心中期盼一个又一个春天，却看不到秋天收获的风景。

一位劳碌了一生的老木匠准备退休，他为这家公司做出了很大的贡献。从开始上班的第一天起，他就在这里工作，从学徒到师父，每一步都走得扎扎实实。

这天，他告诉老板，说自己的身体不能承担过重的体力劳动了，要离开建筑行业，回家与妻子儿女享受天伦之乐。老板只得答应，问他是否可以帮忙再建一座房子，老木匠答应了。在盖房过程中，大家都看得出，老木匠的心已不在工作上了。用料也不那么严格了，做出的活也全无往日水准。老板并没有说什么，只是在房子建好后，把钥匙交给了老木匠。"这是你的房子，是我送给你的礼物。"老木匠愣住了，同样，大家也看出了他的后悔与羞愧。他这一生盖了多少好房子，最后却为自己建了一幢粗制滥造的房子。

在生活中，幸运常常会降临到你的头上，而承载这份幸运

第六章 强者绝不服输，成功只属于坚持到最后的人

的则是你善始善终的态度。最后关头一点点的漫不经心，往往会让你损失惨重，后悔不已。人生的成就，在于每一次都竭尽全力地努力，不管是在开始，还是在结束。每一小步都走得坚实，走到一个阶段的最后，你积累的会显得更加深厚。

很多人都明白，人与人之间才智的差别并不是很大，但许多看上去才智不佳的人同样取得了成功，而许多本来才智高超的人却很落魄。原因并不是后者的做事能力差，而是因为成功者能够认认真真地把事情做到最后，失败者却总是见异思迁，什么事都只做一点点或做到一半便放弃了，他们的人生里留下了许多的"半截子"工程。事实上，如果能够一心一意做事并坚持到最后，许多事情都会有好的结果。

有一次，丘吉尔应邀要参加演讲会，他在会前反复背诵讲稿，对着镜子反复练习演讲，只怕到时候出丑被人耻笑。

然而，他一进入演讲会场就紧张得心跳加速，满脸冒汗，大腿也不听使唤地颤抖。他走上讲台做了次深呼吸，给台下的观众鞠了个躬，开始演讲。可是因为太紧张，没讲几句话，脑子里就一片空白，本来背得滚瓜烂熟的讲稿一句也想不起来了，他急得涨红了脸，只好尴尬地离开讲台，不得不放弃了演讲机会。

丘吉尔为自己第一次的演讲失败而感到羞愧，回到家里觉得无地自容，他认为这是他的奇耻大辱。他永远也不能忘记这

次演讲不仅没有得到台下听众的热烈掌声,还看到了一双双羞辱的目光。他不相信自己是天生的笨蛋,他相信只要克服了演讲时的紧张恐惧心理,自己就一定会成为杰出的演说家。他把那次出丑的经历,当成学习演讲的动力。他自己寻找机会大胆地面对观众,大声地讲述自己想说的话,他不再刻意提前拟稿和背稿,而是即兴发挥演讲,效果一次比一次好。

1940年,丘吉尔当选为英国首相,他的脱稿就职演讲精彩纷呈,不仅观点鲜明,神态自然,铿锵有力,而且说出了人们想说却没说出的话,句句打动人心,博得了一阵又一阵的掌声。在反法西斯战斗中,他精辟的演讲振奋了英国军民的士气,成为鼓舞士兵一次又一次打败强敌的动力。

丘吉尔在改变自己的过程中表现出的善始善终精神令我们感动。如果经历了那样丢尽脸面的演讲,许多人往往会永远地避开类似的场合,不再参加演讲活动。然而,丘吉尔却没有被这样的失败击倒,而是把挫败当成了追求成功的动力。找到自己失败的原因后,不懈努力,善始善终,磨练自己的演讲能力,这正是丘吉尔高于常人的关键所在。

万事开头难,但万事有圆满的结局更是难上加难。大多数人做事在开始之时都能雄心勃勃,把事情做得井井有条,可是做来做去没多久,就会因为种种因素产生厌烦心理,以至于做事越来越粗糙,结果不是半途而废,就是不能有令人满意甚至不能令自己满意的结局。由此可见，真的是世上无难事，只怕有心人，善始善终才是人生最大的成功，而人生最大的败笔之一，就是做什么事都半途而废，无功而返。

对学生或刚刚步入社会的青年来说，开始做事时，他们往往热情高涨，但这股热情很快就会被接踵而来的困难消磨殆尽，或者三分钟热度一退，就马上改变了主意，这山望着那山高，又放弃原来的计划而开始了新的行动。就这样无休止地做着有头无尾的事情，留下无数个"烂摊子"工程，他们不能获取成功，因为他们不能把自己的行动和愿望贯彻到底，聪明的猎人不仅会跟踪猎物，重要的是他们最终会捕获猎物。

做到善始又善终，必须有执着追求、始终如一的精神。老舍先生毕其一生的精力，耐住了寂寞和枯燥研究文学，用自己的执着和追求体现了善始善终的精神。鲁迅、巴金等成功的大师们无一不是做事善始善终的模范。

一个人如果做人和做事上不具备善始善终的素质，就意味着他是生活的弱者，无论他曾经有过怎样的风光和辉煌，他的人生也将充满悲伤与苦难。一个人如果在为人和做事上都做到了善始善终，就意味着他必然是生活的强者，也必然能够收获平静而幸福的人生。

强者思维

笃定初心，才能活出自己想要的精彩人生

常言道，万事开头难，实际上真正难的不是开头，而是结束。很多事情，有了开头后，发展总是带有一定的自发性，那就不是我们所能掌控的了。在这种情况下，我们不仅要尽人事知天命，更要在艰难的时刻勇敢地坚持。这个世界上从没有一蹴而就的成功，也不会有天上掉馅饼的好事情。因此，我们要想活出独属于自己的精彩，要想不辜负自己，就要继续坚持，让生命绽放出异样的光彩。山重水复疑无路，柳暗花明又一村，有的时候我们明明已经非常努力了，现实却总是不如我们意。更多的时候，我们已经在坚持进取，绝不放弃，命运却还是在和我们开残酷的玩笑。然而，任何时候，都不要辜负自己，面对残酷的命运之手，面对无奈的现实，我们一定要激发起内心的力量，全力以赴做到最好，才能对得起自己的理想和志向。

这个时代瞬息万变，发展神速。我们固然要跟随时代的脚步顺势而为，但也要把握合适的度。一个人的心思若过于灵活，就会失去坚守；一个人的内心若过于随风而变，就无法让根扎入泥土。在固执和灵活之间，我们要把握好合适的度，这样才能适度坚持，适度改变，每时每刻都对人生保持恰到好处的姿态。当然，这里说的是通常情况下。如果情况特殊，某

第六章

强者绝不服输，成功只属于坚持到最后的人

一件事情要求我们必须坚持，那么我们要做的是，来一次傻瓜式的坚持，哪怕被人说是固执，也绝不放弃，而是继续努力向前，无所畏惧。

喜欢登山的人都知道，珠穆朗玛峰是举世闻名的最高峰，在每一个真正热爱登山的人的心目中，珠穆朗玛峰是如同神迹一般的存在，那么高不可攀，几乎每时每刻都在对人们发出召唤。很多登山者在征服珠穆朗玛峰的过程中都失去了宝贵的生命，即便如此，也还是有很多登山者前仆后继，不喜欢登山的人，觉得这样疯狂的行为是在拿生命开玩笑，喜欢登山的人却知道，这是心中的执念，这是宁愿付出生命为代价也绝不放弃的坚持。

面对人生，我们何尝不需要这样傻瓜式的登山精神呢？唯有不断地努力向前，无所畏惧地勇敢前进，也唯有即使付出巨大的代价也绝不屈服的精神，我们才能在短暂的生命中做出点儿什么，才能闹出点儿响动让别人刮目相看。我们不是要当真正的傻瓜，我们只要在想好一切事情之后，成为一个聪明的傻瓜，成为一个清楚自己正在做什么的傻瓜，这才是最重要的。

人人都知道京剧大师梅兰芳在艺术上的极高造诣，却很少有人知道，出生在京剧世家的梅兰芳，小时候去学习京剧时，老师评价他"不适合唱京剧"。老师为何这么说呢？原来，梅兰芳从小就身体羸弱，而且眼睛近视，所以他的眼神黯淡无光、眼皮下垂，每当有风吹过的时候，他总是爱流泪，眼神也很呆滞，眼珠子转动不灵活。要知道，从事京剧表演的人化着浓妆在舞台上，就需要靠身姿步态和眼神传情达意，与观众交流。为此，老师才会断言梅兰芳不适合吃演员这碗饭。一个偶然的机会，梅兰芳听说养鸽子可以锻炼眼神，让眼神灵活敏锐，他立即开始养鸽子。

一开始，梅兰芳只养育了几对鸽子，在深入了解鸽子的生活习性后，他才开始大批量养鸽子。当然，要想用鸽子锻炼眼神，让鸽子飞得看不见影子是不行的。为了训练好鸽子，梅兰芳特意准备了一根长竹竿，在竹竿的一端系上红绸带。每次，他只要一挥红色绸带，鸽子就会起飞。等到需要鸽子降低高度的时候，他又会在竹竿上系绿色绸带。日久天长，鸽子很熟悉梅兰芳的指示了，总是根据梅兰芳的指令行动。每天清晨，梅兰芳早早起床侍弄鸽子，再把鸽子分批次放入天空中。他的眼睛总是跟着鸽子转动，紧紧地盯着鸽子。随着鸽子盘旋，他的眼珠也越来越生动、灵活，而且眼神越发犀利。渐渐的，梅兰芳的眼皮不再下垂，见风流泪的毛病也好了。等到梅兰芳再去拜师的时候，老师大吃一惊，因为他眼前的梅兰芳眼睛神采奕奕，就像会说话一样。

后来，梅兰芳经过勤学苦练走上京剧的艺术舞台，他之所以能够得到戏迷们的喜爱，一则是因为他唱腔好；二则也是因为他的眼睛炯炯有神，甚至比语言更有力量。

第六章
强者绝不服输，成功只属于坚持到最后的人

在被老师断言不适合唱京剧的时候，如果梅兰芳轻而易举地放弃了自己的梦想，也没有通过养鸽子放鸽子的方式锻炼自己的眼神，那他后来也就不可能成为京剧大师。正是因为对梦想的执着坚持，坚持锻炼自己的眼神，梅兰芳才会最终战胜自己的劣势，弥补自己的不足，从而在京剧表演的道路上走向巅峰。

人固然要有自知之明，但更要有自信。一个人如果都不相信自己，还能奢望得到谁的信任和托付呢？所谓不忘初心，方得始终。在人生的道路上，我们固然会受到很多人和事情的影响，但也要坚持笃定的初心，这样才能从容不迫地活出自己最想要的精彩人生。

第七章

保持努力，主动求变才是真正的强者

第七章
保持努力，主动求变才是真正的强者

生于忧患，死于安乐

古语说："生于忧患，死于安乐。"这其实是很好理解的一句话。仔细想来，我们每个人的人生其实都是这样。生活中取得最后成功的人大多是时刻保持危机意识的人。有这样一个有趣的设想：

武松自从在景阳冈大显神威，打死吊睛白额老虎后，名震天下，成为全国闻名的大英雄。十年后，景阳冈再度被恶虎霸占，很多人因此丧命。这时，有人想到十年前是武松打死了老虎，景阳冈才恢复了太平。这次，何不再请武松呢？就这样，武松受到乡亲们的邀请，再度出山，准备帮乡亲们解决老虎之患。武松在喝了三碗酒之后，踌躇满志地上了山。这时，设想一下，会有什么样的结局呢？

其实无非两种结果：第一种结果是武松再次赢了。武松在第一次打赢了老虎之后，回去仔细分析了老虎攻击的特点，勤奋练习，发明了一套打虎拳，十年之后终于有了用武之地。于是，不费吹灰之力，三下五除二就帮乡亲们解决了虎患，再次为民除害，成为更受瞩目的打虎英雄。第二种结果是武松输了。武松在第一次打赢了老虎之后，趾高气昂，将偶然获得的成功当成了自己必然的成功，回到家乡后，不思进取，每天虚度光阴。结果在第二次打老虎的时候丧失了危机意识，掉以轻心，结果落入虎口，成了老虎的口中食。

这两种结果有点极端，但也都在情理之中。时刻保持危机意识，其实是我们每个人在这个社会上得以生存的重要原则。时代在不断地进步，很多你猜想可能不会再有用的技能，说不定在未来的某一天就会再次派上用场，"技多不压身"说的就是这个道理吧。仔细品读名人的成功传记，就会发现这样一个道理：我们要想在事业上不断发展，就必须时刻树立一种意识：人生中的危机时刻是每个人都逃离不开的，说不清楚什么时候就会来到我们的身边。而只有时刻保持危机意识，不断积极进取，我们才能不断进步，不被社会淘汰。因此，毫不夸张地说，危机意识是我们获得自身发展的原动力。

或许有人会说，如果可以舒舒服服地生活一辈子，为什么还要让自己那么辛苦呢？诚然，如果你真的能有足够的资本可以保证自己能安然地生活一辈子，的确是一件值得庆幸且幸福的事情。但是，能够达到这种条件的人有多少呢？再者，即便有这样的物质条件，那我们难道不应该有点精神追求吗？我们的人生难道就应该这么毫无价值地度过吗？其实，越是优秀的人越懂得努力，越是到达了物质顶端的人越明白

第七章
保持努力，主动求变才是真正的强者

人生的真正意义。

人不光是要好好活下去，而是要好好生活下去。生活对任何人来说，其实都是一道略显艰难的问题。不论你处于社会的什么阶层，人生的什么阶段，其实，我们都有各自需要面对和解决的不同难题。小的时候觉得长大了可以自由自在地过自己的生活，想买什么就买什么，想吃什么就吃什么，不再有父母的约束。长大了才明白，其实在父母的怀抱中才是人生中最舒服自在的时候。或许，这样的言论未免有些极端，但很真实。生活对任何一个人都很公平，它从不会因为你是某人的子女就对你另眼相待，即便现实中，有一些"幸运儿"的存在。但是，请你不要忘记，天上也从来不会掉馅饼。他们的幸运来自于他们父辈的勤奋努力。因此，即便他们有挥金如土的资本和权利，也会更加懂得：只有依靠自己的努力，才能够永远保持自身的优秀。我们应该羡慕的从来不是他们拥有的物质财富，而是他们拥有的精神高度。

一个人的生活状态常常与心理状态有关。如果一个人对生活的预设就是"苦"，对事情的预期都是"坏"，他就会沉浸在愁苦里。因此，时刻保持危机意识，在平时的生活中就保持自己努力勤奋的状态，形成积极向上的生活态度，试着相信美好的东西，相信自己的能力，相信努力有意义，相信生活可以很精彩，幸福就会来敲门。

强者思维

改变思路和方法，才能适应外在的变化

人的一生，是不断接受改变的一生。的确如此，生活时时刻刻都在变化，我们也在争分夺秒地适应这种变化。每当面对一些突然发生的改变时，我们总是会手忙脚乱，不知所措。其实，要想让生活变得轻松，我们不妨改变思路和方法。既然改变终归要发生，我们不妨变被动接受为主动求变。

很多事情，我们要想掌握主动权，就应该先计划，先行动。例如，感情是需要经营的，如果一味地等着对方示好，就无法把握恋爱的节奏。和朋友相处也是如此，现代社会，人际关系的重要性已经上升到前所未有的高度。不管在生活中还是在工作中，我们都没有办法脱离人际关系独立生存。拥有良好的人际关系，能够帮助我们占尽天时地利人和，更快地获得成功。那么，在和朋友交往的时候，你有没有占据了主动呢？中国是一个崇尚礼仪的大国，尊崇礼尚往来，你先向对方表示了友好，对方也一定会给予你回应。相反，假如每个人都等着别人主动和自己交往，那么人与人之间就会变得非常冷漠。要想拥有更多的朋友，你要成为那个先抛出橄榄枝的人。

在工作中，主动的精神更加重要，很多人都有惰性，只要工作上的表现符合老板的要求，只要薪资能够养活家里，就不想再做出更大的努力了。其实，你不努力奋进，别人却在进

第七章
保持努力，主动求变才是真正的强者

步，那么时间长了，你就会落后，就会面临被淘汰的窘境。现代社会日新月异，作为社会的成员，每个人都不能止步不前，因为不进则退。很多时候，与其被动地等着被淘汰，不如主动学习，充实自己，主动出击，这样一来，才能更加从容地应对改变的到来。

孙勇是一名小学教师，在家乡的小县城工作。近年来，教育行业不断创新，孙勇作为教学系统的创新楷模，最近不但担任了副校长的职位，还获得了全市为数不多的出国学习的机会。很多老师私底下议论纷纷，说孙勇肯定是有亲戚在教育系统工作，所以才能从名不见经传的小教师摇身一变成了校长。其实，孙勇的父母都是农民，孙勇之所以能有今天的成就，完全是因为他主动求变。

早在读大学期间，孙勇就开始接触很多教育杂志。这些杂志上有最新的教育资讯，包括探讨和探索整个教育行业的一些论文。孙勇常常思考，因为传统的教育模式已经很难培养出社会需要的人才，所以教育改革要从娃娃抓起。

毕业之后，孙勇在工作过程中经常贯彻自己的一些新想法，在他的精心教育下，班级里的孩子们的确形成了创新的思维模式。孙勇也一直在摸索新的教学方法。以前，老师只顾着教，学生只顾着学，很少进行沟通和互动。而孙勇在课堂上极大地调动学生的积极性，利用新媒体，把自己定位为学生的引路人。有一次，他用这种模式上了一节公开课，引起了很多教师的讨论。在探索的道路上，孙勇从未停止，因此，当教育系统开始发文调整教育思路，改变传统教学模式时，孙勇早已抢先一步。在缺少榜样和典型的时候，他理所当然地被确立为了教师们学习的楷模。他正是抓住了这样一个契机，从而改变了自己的命运。

如果孙勇没有一直为创新教育做准备，他就无法抓住这个千载难逢的好机会，把自己展示在众人面前。他的成功，是因为别的教师在墨守陈规的时候，他已经开始主动求变了。因此，他才能牢牢把握自己的命运，为自己争取到更开阔的人生舞台。

承认自己的平凡，但不能甘于平庸

每天太阳升起的时候，非洲大草原上的动物们就开始奔跑了。每到这时，成年狮子就会不断地鼓励小狮子们："孩子们，你们看到远处的羚羊群了吗？你们已经跑得很快了，但还要跑得更快，再快一点，直到能跑过最慢的羚羊，这样，你们

第七章
保持努力，主动求变才是真正的强者

才能保证自己不会挨饿。"而在草原的另一端，羚羊妈妈们则这样教育自己的孩子："孩子们，你们必须要跑得快一点，再快一点，如果你们不能比最快的狮子还要快，就一定会被狮子吃掉，所以你们一定要不停奔跑。"

我们的人生其实就是这样，每个人在出生的时候就注定了会有不同的命运。或许，从本质上来说，我们的生命原本都是一样的，但随着身处环境的变化，有的人最终成了狮子，而有的人成了羚羊。我们所处环境不一样，可生存下去的条件却是一样的。无论你是一头狮子，还是一只羚羊，想要获得生存的权利，就需要我们不断地加快自己的奔跑速度。优胜劣汰，适者生存，社会往往就是这么现实：想要生存，只有以最快的速度，跑在队伍的最前面，才能立于不败之地。对草原上的动物们来说，奔跑不光是它们的行为习惯，更是它们能够获得生存的竞争条件之一，是它们求生的本能。或许，正是因为如此，它们才能够将奔跑这个行为习惯练到无与伦比，将快速奔跑的力量发挥到极致。

对我们来说，面临的情况其实也是一样的，自我的实力是我们唯一可以放心依靠的靠山。每每听到有人中了彩票的时候，每每我们吐槽因年轻而略显艰难的人生的时候，每每遇到很多客观的无可奈何的时候，总是能够听到这样一种调侃："何以解忧？唯有暴富！"仿佛我们人生中的所有困难都来自物质财富的缺乏。诚然，我们人生中的大部分问题的确能够依靠物质财富的积累得以妥善解决，我们也没有必要排斥人生中突然而至的幸运机会。但是，却不应该将这一幸运的可能当成人生的唯一与必然。

很多时候，我们都希望能够投机取巧，能够用最小的投入获得最大的收获。这是人性使然，也无可厚非。但是，很多时候，你会发现，即便我们利用一些个人的技巧得到了自己想要的，也不一定就会感到真正的快乐。因为，人生中真正的快乐来自我们对自我发自本心的认可，而不是来自别人艳羡的目光。想要获得人生真正的快乐，想要在自己的生活中取得成功，我们必须不断增强自我的能力，增强属于我们自己本身能够随处携带的软实力。而想要获得真正属于自我的软实力，一切都必须是真实的付出。

这世上从没有完美的人生，也没有完美无缺的个人。我们每个人都有自己的独一无二和不可勉强的客观缺陷。虽然我们提倡"技多不压身"，但更应该鼓励"发挥自我优势，规避自我缺陷"。没有人能够成为无所不能的"全才"，但我们可以找出自我的优势，持之以恒，让这个优点发扬光大，成为我们独特的魅力所在。不管是在个人生活，还是在我们的职场中，我们都必须勤学苦练，不断地强大我们的核心实力。这样，不论我们在什样的职场环境里，遇到什么样的高手，我们都能够有足够的资本大显身手。

第七章 保持努力，主动求变才是真正的强者

有这样一个道理：一桶再新鲜的水，如果放着不使用，不久就会变成一桶浑浊的水；同理，我们的大脑并不会越用越笨，只会越用越灵活，越思考越有想法。身处职场也是一样，一名优秀的员工，如果不能经常改进自己的工作，很快就会被时代淘汰。我们曾经擅长的事情并不代表可以擅长一辈子，想要让自己在行业内一直处于领先地位，就一定要让自己时刻学习，让学习成为自己的一种常态和习惯。诚然，我们并不是十全十美的全才，却可以通过不断的努力学习，让自己变成拥有一技之长的人才。生活在这个充满一切可能的世界中，我们可以承认自己的平凡普通，却不能甘于自己的平庸。平凡存在于大众世界，平庸却决定于我们的内心，只有打从心底里开始努力，才能够成就平凡生活中不平凡的我们。

坚持与努力，绝不随波逐流

生活，有时候就像是天气，有晴天就会有阴天。在晴朗的日子里开怀大笑似乎是件很容易就能做到的事情，而在阴天的时候仍然放声歌唱却并不是每个人都能做到的。很多人都说，因为诸多无可奈何的客观条件限制，自己才没有心情追求更加

美好的生活。实则，生活的质量和形式不应该成为绝对的正比关系。只有内心的满足才是我们获得幸福的重要途径。或许，现在的我们暂时没有钱，也没有足够多的能力迅速让自己过上富足的生活。但是，现在拥有什么并不重要，重要的是你未来想要拥有什么。我们可以允许自己穿廉价的衣服，吃廉价的食物，住廉价的房子，但是我们却不应该允许自己有廉价的思想。当我们的人生已经足够艰难的时候，拥有的只能是坚持与努力，而不应该是随波逐流。

或许曾经的我们都有过追求梦想的时刻，只是梦想这东西太过抽象，有时候我们会对自己的梦想产生疲倦，会对自己所有的奋斗与追求产生质疑，会因为对目前状态的无可奈何而感到沮丧。但是，我们的人生正是因为有了梦想的存在而变得更加精彩。没有梦想的人生犹如一潭死水，一个有梦想、愿意追逐梦想的人才不会辜负一生一世的美好时光。人生正是因为有了梦想的推动才会有更高的定位基点和更高的生存境界。况且，如果梦想终将疲倦，我们能做的，其实就只剩下持续努力和坚持。这个过程很难，却别无他法，你想要有所获得，就只能实打实地付出，一分耕耘一分收获是自古不变的真理。我们的生活就像是一个冷漠的路人，在没有与他相熟之前，面对你的只有冷若冰霜和吝啬自私。而当你付出了足够多的努力与坚持，他终将会对你展开笑颜。你会发现，其实生活的冷漠背后藏着一颗滚热的内心，只是不够努力的人触碰不到。

第七章
保持努力，主动求变才是真正的强者

追求梦想的过程从来不会很轻松，有着你难以想象的艰难和枯燥。但是，这是世间最为公平的存在，不论你是什么样的身份，有着怎样的出生和家庭背景，在追求梦想这条路上能够遇到的困难却是一样的。首先，我想要告诉你：心急吃不了热豆腐是真的。处境即使再困难，也需要我们脚踏实地地努力拼搏。只有将我们的汗水化成一步一个脚印，踏实行动，你得到的结果才是真实且有效的。或许，你可以通过一时的取巧获得一些想要的东西，但是，时间与经历终会帮你淘尽所有的假象。你表面上拥有的所有虚高最终都抵不过一次小小的冲击，因此，请学会用耐心和宽容取代内心的急躁，用脚踏实地取代急功近利。

我们都能够明白，急功近利通常并不会给我们带来什么好的结果。目前的工作都还没做好，却自傲地认为自己可以胜任那些多年后才能达到的工作，这样拔苗的方式必然只能带来一时的虚假收获。很多时候你认为的"我觉得我已经可以了"，其实只是初生牛犊不怕虎的盲目自信与无知。在管中窥豹时，你以为你看到了全世界，而当你有足够的能力面对更广阔的世界，你才发现，还有更多的未知是你无法了解的。这时候的你，反而开始学会虚怀若谷，开始学会谦虚低调，并不是你变得越来越弱了，而是你有了更多的认知，对自我有了更多的了解与对比。因此，在追求梦想的过程中，请学会保持的平常心与耐心，多给自己一点时间，让自己学会坚持与忍耐。这样坚毅而不急于求成的你会比他人更加宽容，更加懂得生命的意义

及梦想的高度。日久天长，你会发现，只要找对相应的方法，掌握正确的人生态度，积极向上，不断努力，终有一日，你可以成为你曾经仰慕的那个人。

我们常常会羡慕别人的幸运，却不知道那其实是别人酝酿了很久才发出的光芒。你羡慕别人的美好，却不知他们在背后付出了多少，仅将这一切归结于他们的好运气。可是，这世上哪有什么天生的幸运？不过都是以往努力的积攒。只有努力到了一定的程度，幸运才会与你相遇。

告别安逸，主动走出舒适区

我们总是会有这样的时刻：课堂上老师提出一个问题，自己明明很想回答，却因为没有自信保证一定不会出错而不敢主动争取；明明当初自己参加聚会是为了多认识一些陌生的朋友，开拓朋友圈，结果到了聚会，相聊的还是那几个熟悉的人；明明知道早起锻炼身体对自己好处多多，却还是改不了每天熬夜晚睡的习惯……没错，在某种天性上，我们对接触陌生事物和改变固有习惯总是有着一种天然的抗拒，我们总是习惯于藏在自己构建的舒适区里，不愿轻易地改变。在一定意义

第七章 保持努力，主动求变才是真正的强者

上，我们每个人的选择其实都是在我们能力范围以内做出的自认为最优的选择，因而可以说，我们每个人其实都是安全感的奴隶。

我们每个人都有自己不同的舒适区，它或者是一成不变的生活节奏，也或者是不愿做出改变的一种状态，更或者是很多你早已习以为常的习惯。在这个熟知的安全区域里，我们的日常生活总是被熟悉的事物填满，因为这些会给你带来满足，让你认定"人生本就该是这样的"。这一切的理由当然无比熟悉，让你根本不会思考为什么，根本就不会追问为什么。你只会觉得这一切是那么舒适，那么放松，让你能够掌握，从而拥有足够的安全感。这是我们人类的本性，也是我们天然的惰性所在。没有外在的压力和期望造成的不安，我们往往会心安理得，得过且过。

但是，我们都无法保证能够永远待在自己的舒适区里不受任何威胁。而且，你从未走出舒适区，不知道自己真正拥有多大的潜能，也就无法理解自己有多棒。当你真正走出去以后，你必定会发现一个很不一样的自己。

始终待在舒适区最大的弊端是会让我们变得麻木，就像是被温水煮着的青蛙，习惯了越来越热的水温，忍受着越来越恶劣的生存环境，直到最后想要逃离的时候，却发现自己早已失去了跳出的能力和在外生存的能力。得过且过，这是一个特别消极的词语，也是人生最不值得的活法。怀抱着得过且过的心

强者思维

理，会让我们失去对每天多学一点、进步一点的干劲和热情，会让我们陷入越累越麻痹、越麻痹越辛苦的负能量怪圈。

因此，当你发现自己身上已经开始有了这些征兆的时候，应当立刻抓紧时间，尝试走出自己的舒适区。毕竟未来变动不可预料，我们唯一能够做的就是要提前做好万全的准备，随时应对这世界出现的新的变化。确实，我们每个人都有自己的现实顾虑，因此，我们总是会出于各种客观原因，不敢尝试新的事物，不敢踏出那一步。其实，我们完全可以让自己在可控的范围内适当地走远一点，挑战一些通常不太会做的事情。

鞭策自己勇敢地走出舒适区能够让我们更清楚地认识自己，发现自己的潜能，让我们了解更为全面的自己。或许，等你走出来以后，你会发现原先那些你认为太难或者不愿意做的事情，其实是有实现的可能的。同时，督促自己早些迈出舒适区，也能够让自己找到更聪明、更有效率的工作方式，让自己在处理意想不到的变化时更加游刃有余。因此，我们应当要让自己习惯于走出自己的舒适区，勇敢迈出人生的新步伐。

当我们开始挑战自己的时候，其实自己的舒适区也会得到调整。当我们勇敢地走出第一步，开始接触新鲜事物和新的知识后，会让我们对自己原有的知识结构进行反思，让我们能够以一种新的视角和更高的要求重新审视自己，激发我们向固有的习惯和成见挑战，在新旧交锋和碰撞中不断地充实我们自

第七章
保持努力，主动求变才是真正的强者

己，成为更好的自己。

其实，我们每个人都会懒惰，偶尔的懒惰也并不是一件很可怕的事情，因为我们也会有需要休息和调整自己的时候。可怕的是当懒惰成为习惯，胆怯成为常态时，我们会逐渐丢失自己，最终迷失自我。因此，我们应当时刻提醒自己，只有始终保持开放的心态，不断接受外在的挑战和刺激，同时不放弃对自我内在渴望的探索和追求，才能够真正地不负此生。只有在适当的时候跳出自己的舒适圈，我们才能够遇见更大的世界，也才能够越发靠近最真实的自己，看到我们最具活力的模样。当你内心真正觉醒以后，你才会主动要求跳出自己的舒适区，而只有你真正远离自己曾经的舒适区后，你才会变成一个更好的自己，你才会发现自己真正的人生开始了。

幸运，往往更青睐于努力的人

尽管人人都想迅速获得成功，现实却告诉我们，从未有任何人能够在人生的道路上一步登天，更没有任何人能够日日享受免费的午餐。面对生活的残酷，还有些朋友会抱怨人生充满艰难坎坷，命运总是折磨和薄待自己，却不知道命运总是公平

的，并不会青睐某个人，也不会特别亏待某个人。最重要的是，努力者才能更幸运，这不是命运不公导致的，而是因为努力者能够时刻做好准备，也能够随时抓住机会，自然就会有更好的发展和前途。

古人云，一日三省吾身，现代人也应该每天至少三次问自己"今天，你努力了吗"，从而对自己起到良好的激励和鞭策作用，也督促自己不能有片刻放松。人生看似漫长，实际上是很短暂的，如果平白无故就浪费了宝贵的生命时光，如何才能有所突破和发展呢？对待人生，每个人都要从容自若、不遗余力，才能竭尽所能创造人生的奇迹，也才能最大限度地打开人生成功的大门。没有这样的精神，人们是很难获得成功、实现梦想的。

梦想是个调皮的家伙，它并不会老老实实待在我们的面前，而是时常跳跃、时远时近。尤其是对那些看到梦想就感到害怕的人，更应该勇往直前。否则当你因为梦想而退却的时候，梦想就会故意逗弄你，让你感到无所适从、心力交瘁。从某种意义上来说，梦想和困难有些相似，它们都像弹簧一样，你强它就弱，你弱它就强。实际上，每个人通往梦想的道路同样漫长，只是有些人走得更快，因而能够迅速实现梦想；有些人走得太慢，总是被梦想远远甩下。

一个人即使再饿，也要一口一口地吃饭；目的地哪怕再遥远，我们也必须一步一步地走。没有人能一口就吃成大胖子，也没有人能够仅迈一大步,就顺利到达目的地。对整个世界来说,万事万物都遵循循序渐进的原则,人们也必须耐心等待、奋斗,才能更加接近人生的理想,才能真正拥有美好的未来。

记住,实现梦想是任重而道远的事情,没有人能够在通往梦想的道路上一蹴而就。人生越是充满艰难坎坷,未来越是看似遥不可及,我们就越是要用脚步丈量人生的意义,用奋斗实现人生的价值。否则,一旦你放弃了,又还能和谁并肩作战,实现人生的终极梦想呢?

增强自信,不断告诉自己"我能行"

高尔基说:"哪怕是对自己的一点小小的克制,也会使人变得强而有力。"每个人都是有毅力的,可以说,毅力和克服困难相伴。换句话说,克服困难的过程,也就是培养、增强毅力的过程。在生活中,那些毅力不是很强的人,往往能克服小困难,而不能克服大困难,但不断地积累毅力,也可以使人有克服大困难的毅力。

大量事实证明,毅力是可以培养的,心理学家举了这样一个生动的例子:"今天,你或许挑不起一百斤的担子,但可以挑三十斤,这就足够了。只要你天天挑,月月练,总有一天,即使一百斤的担子压在你的肩上,你依然能健步如飞。"这就是"半途效应"的侧面反映,半途效应是指在激励过程中达到半途时,由于心理因素及环境因素的交互作用而导致的对目标行为的一种负面影响。

古人云:"事当难处之时,只让退一步,便容易处矣;功到将成之候,若放松一着,便不能成矣。"在生活中,有很多事情,并不是仅仅依靠三分钟热情就可以做好的,也不是一朝一夕就能做到的,而是需要持之以恒的精神,我们必须要付出时间和代价,甚至是一生的努力,当然,在这个过程中,我们需要忍耐,坚持,再坚持,以无限的意志力等待机会和成功的来临。

大量事实表明,人的目标行为中止期大多发生在"半途"附近,那是一个极其敏感和脆弱的区域。导致半途效应产生的原因来自两个方面:一是目标选择不合理,有可能在选择目标的时候过大或过小,从而导致了半途效应;二是个人的意志力,那些意志力越弱的人越容易出现半途效应,如果你想做出成果,就一定要培养出坚忍不拔的精神。

强大的意志力能战胜一切。凡能成大事者,必须经得起挫折的历练,经得起失败的打击,因为成功需要风风雨雨的洗礼,而一个有追求、有抱负的人,总是能视挫折为动力。

那些做出巨大成就的人,他们与常人的区别就在于,他们

第七章 保持努力，主动求变才是真正的强者

拥有较强的意志力，而并非有多么过人的本领。在大多数人不能坚持的时候，他们又多坚持了一会儿；在大多数人想要放弃的时候，他们咬着牙坚持了下来。当然，由于拥有过人的意志力，任何事情在他们面前，都可以说是简简单单。因此，拥有过人的意志力，可以说是事半功倍。

对我们普通人来说，更需要为自己设立一个清晰的目标。一个人如果没有明确而坚定的目标，是不会成功的。

克莱斯勒在年轻时曾做了一件看上去十分冲动的事情，他从银行里取出了所有的存款，到纽约参观汽车展，回来时还买了一辆新车，更令人无法理解的是，他回到家中便把车停到了车库中，将每个零件都拆了下来，研究完之后，又把车子组装起来。大家都认为他疯了，但是，他最后成为了闻名世界的"汽车大亨"。

正如摩托罗拉公司的一名主管说："获得美国国家品质奖，有一种金钱买不到的奇效。"这里的"奇效"就是指目标的效力，有什么样的目标就有什么样的人生，目标可以促使我们产生积极性。同样的道理，一个企业要想获得成功，就要为自己设定一个可以追逐的目标，摩托罗拉公司的成功就是最典型的案例。

许多人不敢追求梦想，不是梦想太远，而是他们心里已经

默认了一个"高度",而这个高度使他们受限,因此,他们看不到未来确切的努力方向。我们要将成功的信念注入血液之中,不断地告诉自己"我能行""我努力就一定能成功""我是最优秀的",增强自信心,勇于向成功奋进。

第八章

拥有强大的内心，
就拥有无穷的力量

第八章

拥有强大的内心，就拥有无穷的力量

想战胜自己，首先要了解自己的内心

人最大的敌人是谁？是自己。很多时候，我们觉得恐惧、焦虑、不安，这些负面的情绪和感受，都来自我们的内心。如果我们的内心足够强大，就不会轻易被来自外界的恐惧打败，所以我们首先要做的是战胜自己。很多时候，我们觉得很了解自己，殊不知，我们最熟悉的人是自己，最陌生的人也是自己。苏轼曾经作诗表达自己人在庐山却无法欣赏庐山全景的感慨——"不识庐山真面目，只缘身在此山中"。这句话的道理显而易见，之所以说自己是最熟悉的陌生人，是因为我们住在自己的心里，无法客观公正地评价自己的内心。甚至很多时候，我们会发现对自己很陌生，因为我们的内心常常会跳出我们完全不了解的一些想法或者观念。由此可见，要想战胜自己，我们首先要了解自己的内心。

也许有人会说，我觉得自己很强大，无须战胜自己。或许你有着很高的职位，或许你有金钱和权势，或许你体格健壮，是个无人能敌的强者，然而，这并不意味着你的内心同样强大。很多人把强大理解为没有人能够战胜的力量,其实,强大更多的时候代表着平静。一个情绪特别容易波动的人,不能称为一个强大的人。举例来说,有个人非常强壮,却很容易动怒。如果你想打倒他,不用动手,只需要激怒他就可以让他被怒火冲昏头脑,这不叫真正的强大。还有的人心思狭隘,经常因为一些不值一提的小事就郁郁寡欢,生活对于他而言,似乎就是每天生气再生气,郁闷再郁闷,这样的人,权势再高,也不叫强大。真正的强者,拥有一颗淡定从容的心,内心能容天下之事,笑口常开,无所忧虑。遇到高兴的事不会得意忘形,遇到为难的事不会一筹莫展,遇到吃亏上当的事可以宽容别人,这才是真正的强者。

1867年,居里夫人出生在波兰,她的家庭非常贫困,也许正是这样贫困的生活铸就了她坚持不懈的顽强毅力。由于家里没有多余的钱供养她,居里夫人在巴黎读书时,生活条件非常简陋,她租住的小阁楼里什么都没有,只能勉强遮风挡雨。为了读书,她在图书馆度过了每一个夜晚。每当冬天到来,即使她把自己所有的衣服都穿在身上,也还是冻得直打冷战。为了省钱,她每天只吃面包、喝水,即使生活如此艰难,居里夫人依然顽强地学习,从未想过放弃。四年过去了,勤奋好学的她顺利取得了物理学和数学硕士学位。

1895年,居里夫人和志同道合的比埃尔·居里组成了家

第八章 拥有强大的内心，就拥有无穷的力量

庭，结婚后，他们的生活依然很贫困。然而，他们并不在意自己的生活，而是携手并肩，在科学研究的道路上一起前行。为了找到一种能穿透非透明物体的射线，他们借用了一个阴暗潮湿的木棚。为了节省研究经费，他们不惜走很远的路，去买一种价格相对低廉的沥青矿渣，作为提炼那种射线的原材料。

他们的实验设备非常简陋，但这丝毫没有影响他们对实验的热情。居里夫人每天都穿着肮脏的工作服，拿着木棍搅拌大锅中的沥青矿渣。为了节省人力，他们没有助手，居里夫人必须自己搬动四十多斤的容器。经历了无数次失败，她也毫不气馁，用了整整四年时间，才从好几吨的原材料里提取出1/10镭的化合物——氯化镭。这种物质的放射性很强，能够穿透很多物质，氯化镭的问世，让整个世界大为震惊。1903年，居里夫妇获得了诺贝尔奖。

三年之后，比埃尔·居里因为车祸去世了。居里夫人不但失去了挚爱的丈夫，也失去了科学道路上最好的导师。在沉重的打击下，她依然振奋精神，继续科学研究。时间又过去了好几年，居里夫人终于成功提炼出纯镭，很多癌症病人因而获益。1911年，居里夫人再次获得了诺贝尔奖。

因为内心的强大，居里夫人虽一生历经坎坷，在科学研究的道路上吃足了苦头，但她却从未放弃过，更未妥协过。正是因为她有着坚强无比的内心，才能为科学事业的发展做出如此

卓越的贡献，也才能两次获得诺贝尔奖。

在人生的道路上，不管做什么事情，要想获得成功，我们都应该首先让自己的内心强大。唯有如此，我们才能坦然面对不期而至的灾难和苦难，才能一往无前地走下去。

强者，绝不会任由情绪控制

人有七情，其中之一就是怒，生活中不尽是欢笑，我们常常会因为各种各样的事情生气。自古以来，人们已经意识到愤怒的坏处，诸如气大伤身、怒大伤肝等，都在告诉我们怒气会损害身体。后来，瑞典生理学家经过实验证实，人在生气的时候，体内会分泌去甲肾上腺素，这对身体健康有严重损害。《维多利亚宣言》也曾提出健康生活的四个必要条件，包括：合理膳食、适量运动、戒烟限酒和心理平衡。所谓心理平衡，就是要控制喜怒哀乐，既不大喜，亦不大悲，更不轻易动怒。

常言道，"人生不如意事十之八九，唯有快乐在心头"。愤怒不但会伤害我们的身体健康，还会使人失去理智。很多让人扼腕叹息的悲剧之所以发生，就是当事人被愤怒冲昏了头，最终做出了丧失理智的事情，冷静之后即使追悔莫及，却

第八章 拥有强大的内心，就拥有无穷的力量

也于事无补。也许有人会说，很多时候真的很生气，不是劝自己几句就能冷静的。怒气上来，就像喝醉了酒，理智完全不受控制，这时应该怎么办呢？从这几句话的描述看，愤怒的确很可怕，它使我们变了一个人，连自己都不认识自己。面对失控的情绪最好的办法就是转移注意力，告诉自己，稍等片刻重新思考，花些时间做一些让自己开心的事情，诸如唱唱歌，浇浇花，练练书法，帮助自己恢复平静。也可以找自己信得过的朋友倾诉，需要注意的是，千万不要找性格更急的朋友。人是听人劝的，别人说的话往往对我们有很大的影响，尤其是当我们信任这个人的时候。等到怒气过去，不再在气头上，回过头看，也许你会发现，原本让你怒火中烧的事情其实没什么大不了的，根本不值得大动肝火。

正是因为愤怒会让人失去理智，所以在现代的生活中，激将法频频被使用。对容易动怒的人来说，这个方法几乎屡试不爽，尤其是在谈判桌上，激怒对方几乎成了剑拔弩张的制胜法宝。要想破解对方的激怒法，我们就要成为一个不容易被激怒的人。只有平静自己的内心，让自己不轻易动怒，对方才会无计可施。那么，如何做到不动怒呢？首先，我们要修炼自己的内心，认识到这个世界上，除了人命关天的大事，没什么事情是过不去的。和一切相比，唯有生命最重要，所以任何事情都不值得我们动怒。想一想，身体是我们自己的，气坏了身体，只有最亲的家人跟着倒霉，坏人只会幸灾乐祸。既然如此，我

们为什么要做亲者痛，仇者快的事情呢？其次，我们应该修炼自己的内心，遇事停三分，这是一个很好的平静内心的方法。不管发生任何事情，三分钟之内都不要急于做出反应。给自己的头脑三分钟的冷静时间，等到三分钟之后再开口说话，你会发现你的理智已经回来了一部分。

对一个动辄发怒的人，激怒他就是制服他的方法；对一个波澜不惊的人，却很难找到他的弱点。因此，要想让自己变得强大，除了提升自己的能力外，最重要的是修炼自己的内心，让自己变得从容淡定。记住，不动怒，就不容易露出破绽，最强大的人，是能够控制自己情绪的人。

李娜是公司的首席谈判高手，每个曾经和她一起参加过谈判的人都心服口服。其实，李娜的谈判战术也很常规，无非是有理有据，入木三分。但是，她有一个谁也学不来的地方，那就是从不动怒。李娜似乎是个不会生气的人，面对谈判对象的胡搅蛮缠，她始终笑眯眯的，兵来将挡，水来土掩，就是不动怒。很多时候，对手都已经着急了，李娜却还是慢条斯理，不疾不徐的。也正因为如此，李娜才能在一次次谈判中保持清醒和理智，从未露出破绽，反而总是能抓住对方的破绽，一举得胜。

李娜作为首席谈判官，把自己的情绪控制得非常好。其实,谈判的过程就是心理博弈的过程。谈判看似是客观条件的较量,实际上完全是心理战。心理上占据优势的人,才能在谈笑间樯橹灰飞烟灭,否则,心理防线一旦被打破,我们马上就会全线溃败。

从现在开始,每个人都应该把愤怒当成自己最大的敌人。只有战胜了怒气,我们才能让别人对我们无计可施。

顺着光亮前进,人生便会豁然开朗

生而为人,或许最无奈的事情就是看不清人生的方向。在人生的不同阶段,我们总会遇见不一样的苦难,有着不一样的负能量和"死胡同"。对于死胡同,如果没有外人的指引或者发自内心的跳脱,有些人或许花费一辈子的时间也未必能顺利走出。而一旦打开心门,只要坚定不移地顺着光亮前进,人生便会豁然开朗。

负面情绪就像是田野上无人管理的野草,一旦扎根,便会"野火烧不尽,春风吹又生"。负面情绪如果不能及时从我们的内心中排除,便会不断地影响心情、破坏信心,甚至影响到我们的正常生活。仔细观察身边被负能量围绕的人,总是眉头紧锁，冷若冰霜，仿佛全世界的人都对他有所亏欠；又或者郁郁寡欢，对任何事情都提不起精神，严重影响到做事的工作效率，对人对己都造成极大的破坏。这样不会将自我及时从负面情绪中抽离出的人必定是可怜又可悲的。

有人说，负面情绪就像是涟漪，你的愤怒与消极会迅速扩散，并一层层传递给其他相关或并不相关的人。诚然，负面情绪的传递性与扩散性的确犹如涟漪，但是造成的后果却不会如涟漪般消失于无形。人生在世，我们总是处在一个由各种人群组成的关系社会，各种关系错综复杂，很多时候，即便只是很短暂的情绪爆发，也有可能在别人的心目中留下不可磨灭的坏印象。

范范刚刚毕业，就以实习生的身份进入了一家上市公司行政部门当业务助理。进入公司后，她被指派的第一件事就是清点公司D栋楼里所有员工的电脑设备。范范接到工作安排后，丝毫不敢马虎大意，拿着一沓清点表，一支笔，马上上下奔走。她不辞辛劳地奔走于每个工作间的每台电脑，认真核对，登记所有电脑设备的出厂序号。

在这期间，她来到了公司互联网设计部门核查登记。不曾想，刚刚进办公室表明来意，就听到了一连串的质问："谁叫你来这里的？你想做什么？"

"我是行政部刚刚来实习的，经理安排我来清点一下大

第八章 拥有强大的内心，就拥有无穷的力量

家的电脑。"她小心地回答道。向她问话的就是这个部门的经理。

"我们部门的电脑不需要你们的任何清点！"对方继续厉声责骂道，"你们行政部每年都会进行清点，每年都清点得乱七八糟，不仅一点用都没有，还总是打扰我们的工作，影响我们的工作效率。你出去吧，以后这些小事就不要再浪费时间做了。"虽然不是自己的直属领导，可面对经理毫不客气的责骂，范范一时呆住了，愣愣地站在原地，不知该如何是好。过了好一会儿，范范点点头，尴尬地离开了。

出来的路上，范范一直在脑海里回想刚刚发生的事情。这位经理的话泄露出了很多信息，很明显，这是部门与部门之间的历史矛盾，而她只是很不幸地被当成了出气筒而已。自己其实并没有做错任何事情，反而是这位经理，在这件事情的处理上，显得极其没有风度，竟然对着一个刚刚入职的实习生发泄自己的怒火。

第三年，由于出众的表现，范范已经升任为公司行政部门的副经理一职。在范范参加的第一个公司领导层的月度会议上，范范再次遇见了那位经理。那位经理一反之前怒骂范范时恶劣的态度，对同级别的领导们都是满脸笑容。直到见到范范，堆满笑容的脸竟然僵了一下，连耳根子都红了起来。

显而易见，这位经理明白了自己当初对范范本不该有的恶

强者思维

劣态度。短暂的情绪爆发或许在所难免。身为平凡世界中的普通人们，即便再有能力，也很难让自己保持没有任何情绪的波动。但是，我们应该学会尽量克制自己的情绪，毕竟能力越强，所处位置越高，越是应该学会情绪管理。

我们的一生就如同行走在迷雾中，很多时候都是当局者迷旁观者清。或许你自认为是个非常值得别人信赖的人，但是别人却会通过你的负面情绪看到他们眼中的你，并先入为主，形成思维定式。我们并不主张生而为人不应该有任何的负面情绪，可身为成年人，我们应当学会拥有及时从负面情绪中抽离的能力。毕竟，因为一两次的负面情绪而造成自己在别人心目中的不良印象，实在是非常不值当的事情。或许，我们会有很多情绪上涌，难以抑制的时候。但是，不仅冲动是魔鬼，沉迷于负面情绪无法自拔更是人生升级版的恶魔。当被负面情绪缠身的时候，我们需要学会尽可能快地转身，及时脱离，而不是任由其发展，让人生陷入低谷。

你需要始终相信和肯定自己

你认为自己是什么样的人，就会有怎样的表现。我们每个

第八章
拥有强大的内心，就拥有无穷的力量

人都可以通过自我肯定塑造出一个真正的自我。因此，不管遇到什么困难，你都可以告诉自己："我是最棒的！我是最好的！"这样的话语并不会对客观事实有什么实质性的改进，但当你的脑海中重复想象自己最有自信的时候，你就会发现，自己真的变得很有自信，同时，你的行为也会更加有效，因为行为总会配合着你的思想行动。因此，面对任何困难，最重要的一件事情就是相信自己。

有这样一个说法：你是不是天才不要紧，关键是你要相信自己是天才；你是不是成功人士没有关系，关键是你要相信自己终有一天会有所作为。或许我们出身并不富贵，或许我们家境并不殷实，或许我们相貌也并不出众，但是，面对所有人都有可能遭遇的困难，相比较于那些先天优越条件的拥有者，我们更不能失去的一样东西，就是自信，就是对自我的肯定。

其实，我们每个人都是这浩瀚宇宙中独一无二的个体，我们能够来到这世界取决于大自然的恩惠，大自然也在创造我们的时候给予了我们每个人独特的特质。因此，你会发现，生活中没有人与你是相同的，也没有人的性格跟你是丝毫不差的。我们每个人都在以自己独特的方式与他人互动，进而影响别人。不管我们以什么样的身份，什么样的条件生活在这世界上，存在于这个世界上的作用却是任何其他人都无法取代的。因此，我们必须相信自己，肯定自己。而肯定自己最简单的方式就是在生活中一言一行都充满自信，即便面对暂时无法超越

强者思维

的苦难，我们仍然要对自己充满自信，要对人生充满希望。

肯定自我等于自我肯定，等于自信地做自己。自信是一种无形的力量，它支撑着我们的生命，能够帮助我们战胜自我，创造奇迹。它滋润着我们生活的方方面面。曾经风靡一时的经典电影《泰坦尼克号》就向我们描述了自信对一个人的重要作用。

男主杰克是个一无所有的穷小子，最终却凭借自信的人生赢得了女主露丝的喜爱。女主露丝出身富贵，处在上流社会，可以说是什么样的人都见识过。但最终却与杰克共同坠入爱河，谱写出了一段感人肺腑的爱情佳话。仔细品味，你会发现，男主杰克最终能够吸引女主的最大筹码就是他的自我肯定和自信。

面对与露丝家庭在财富与地位面前的巨大落差，杰克从不自卑。在晚宴上，露丝的母亲看不起杰克，对他百般刁难，故意讥讽，问道："三等舱的感觉怎么样？"众人本以为这会让杰克很难堪，结果杰克却轻松而自豪地回答道："简直太棒了，里面一只老鼠都没有！"露丝的母亲眼看没有为难到杰克，又问道："你觉得像你这样到处流浪，没有根基的生活有趣吗？"面对露丝母亲的刁难，杰克再次肯定地回答道："我觉得自己的生活太棒了！我虽然一无所有，却能够随心所欲地呼吸自由的空气，享受明媚的阳光，欣赏迷人的风景，聆听大

第八章 拥有强大的内心，就拥有无穷的力量

自然的音乐。就在前两天，我还睡在桥洞里，而现在，今天，我居然就在豪华的泰坦尼克号上和世界上最富有的在座各位共进晚餐，这不是很奇妙吗？生活就是这么奇妙，生命是上帝赋予的宝贵礼物，我可一点不想浪费。"杰克对生命的无限自信和对自我的充分肯定最终赢得了露丝的芳心，尽管他们遗憾地遭遇了泰坦尼克号的沉没，但他们的爱情却永远流传，成为一段佳话。

尽管我们都知道，自信并不能在客观事实上对你遇到的困难有着实质性的帮助，但是你要相信，精神、信念的力量其实是非常巨大的，它能让你无所畏惧，让你面对任何困难都能够勇往直前，让你坚信困难最终一定能够被克服。就像一首诗里说过的：

如果你认为自己已经被打败，那你已经被打败了；如果你认为自己并没有被打败，那你就并未被打败。如果你想要获胜，但又认为自己办不到，那你必然不会获胜。如果你认为你即将失败，那其实你已经失败了。

信念，让你拥有源源不断的力量

　　一个人如果只有自信，也许会在人生中做出伟大的决定，但要想推行这份决定并变成现实，除了要有自信外，还应该有坚定不移的信念。美国举世闻名的学校——哈佛大学的一位校长曾经说过，每个人只要拥有信念，就能爆发出人生源源不断的力量。可以看出，信念的力量是非常强大的。对人生而言，信念就像是一粒种子，在合适的条件下就能生根发芽。很多朋友都曾见识过种子的力量，即使是在环境残酷的野外，哪怕随便掀起一块石头，也会发现石头下有一颗种子正在发芽。为了适应恶劣的生存环境，种子的嫩芽不得不努力弯曲身体，向着光的方向生长。这就是种子带给人们的震撼，一个拥有信念的人也如同拥有力量的种子一样，哪怕面对人生的困境和绝境，也绝不因此感到恐惧，更不会因此而完全放弃对人生的努力。他们总是坦然面对人生的挑战，拥有顽强的意志力，采取各种方式，竭尽所能地完成人生的理想。

　　人生的确是需要力量的，正如人们常说，人生不如意十之八九。没有人能够完全顺遂如意，每个人都会遇到各种各样的坎坷、挫折和磨难，也会遭遇不公平的对待。在这种情况下，越是艰难坎坷，越是要坚定不移，怀着信念在人生的道路上勇往直前。唯有如此，我们才能帮助自己熬过最难熬的阶段，也

第八章
拥有强大的内心，就拥有无穷的力量

才能给人生更好的交代。

这个世界上并没有真正的绝境，很多时候并不是客观环境太过于艰苦，而是我们的内心陷入了绝望，所以才会变得沮丧绝望，看不到任何希望。在这种情况下，我们一定要在心中种下信念的种子，让这粒种子生根发芽，驱散内心的阴霾和恐惧，让自己充满力量，让心中绿意盎然。唯有如此，我们才能走出一望无际的人生沙漠，进入人生的绿洲，也让生命之花绽放。很多人的行动都是在信念的指引下进行的，恰当的行动使人们能够如愿以偿地走向成功。正是在这样的过程中，人们不断地接近人生的目标，也高举信念的火把，为自己照亮前路。哪怕周围一片暗淡，我们也可以在火光的照耀下，奔向人生既定的目标，从而不断前行，让人生拥有不一样的探索和发现。

很久以前，有一支探险家带领的探险队进入了沙漠腹地，他们很快吃完了所有的食物，喝完了所有的水。每个人都饥肠辘辘，口渴难忍，却看不到沙漠的边缘在哪里。因为一场突如其来的沙尘暴，他们还迷失了方向，这样一来，想要走出沙漠更是不可能的事情。队伍之中，有人变得颓废沮丧，甚至拿出笔和纸写遗书。这个时候，作为队长的探险家非常焦虑，思来想去，他终于想出了一个好办法。队长决定用这个办法带领全队人找到活下去的生机。

探险家拿出一个很大的军用水壶，对着全队的人晃了晃，

说:"这里只剩下最后的一壶水。如果有人遇到危险,就用这壶水救他的命。而在没有走出沙漠之前,只要没有意外的情况,我们必须坚持,不能动这壶救命的水。"在队长的解释下,虽然大家都明白了这壶水是不能喝的水,却明显振奋起来,充满希望。他们不再时刻担心自己因为干渴倒下,因为队长还有那么大的一壶水呢!为了让队友们感受水的重量,队长还让队员们传递这个巨大的军用水壶。每个队员接过这个沉甸甸的水壶,心里顿时充满了希望。他们觉得生命有了保障,三天三夜之后,队员们终于齐心协力走出了沙漠。大家全都高兴地抱在一起哭泣,这时候有一个人突然拿起水壶拧开壶盖,这才发现水壶里装满了沙子,根本没有水。原来,探险家队长正是用这种心理暗示,让队员们燃起对生的信念和希望,从而让队员们对人生有更加深刻的理解和感悟。

如果没有这壶水,当一个队员因为绝望而倒下,必然有更多的队员倒在他的身后。幸好探险家想出了这么一个好办法,用满满一壶的沙子,点燃了所有人心中对生的希望,也带领所有人走出了沙漠。在中国古代,曹操也曾经用过望梅止渴的方式带领部队不断地坚持向前,最终摆脱缺水干渴的危机。也是用的给士兵树立坚定不移的信念,让士兵拥有伟大力量的方法。强大的信念能够激发人的巨大力量,一个人要想获得成功,就必须有信念,否则就会在人生中迷失方向。尤其是在遇

第八章 拥有强大的内心，就拥有无穷的力量

到困难的时候，我们更应该怀着积极的态度寻找解决问题的方法，而不要一味地沉浸在困难之中，让自己悲观绝望，无法自拔。只有在一无所有的时刻，我们才能够勇敢地激发出内心的力量，战胜内心的软弱，挣脱心中的囚牢，从而让人生崛起。

总而言之，信念对人生是非常重要的。不管什么时候，我们可以缺少很多东西，唯独不能缺少信念。每个人都必须为人生树立坚定不移的信念，才能在伟大力量的支撑下不断在人生路上前行，也最大限度地接近成功，直到获得成功。

输给内心的恐惧，你就真的输了

人生路上，我们可能会经历很多次失败。输给别人并不可惜，输给自己才最可惜。而偏偏，我们人生中的大多数失败，并非是因为有强大的敌人，而是未能克服自我内心的恐惧，最终输给了自己，输给了自己内心的恐惧。这种恐惧吞噬掉了我们的自信，吞噬掉了我们的勇气，让我们无法承受曾经的失败，不再有勇气应对未知的风险而错失大好的时机，导致未来的失败。

我们每个人身上都蕴藏着巨大的潜能，这种潜能可以让人

无所不能。确实，当我们面临危险的时候，你会发现，越是镇定淡定的人，越能尽快地脱离危险，相反，一味地胆怯、急躁只会让我们身处的环境更加糟糕，更加恶化。我们每个人都知道，面临困难应该要尽可能地冷静、淡定、从容，但事实总不如我们想象般顺利，很多时候的我们都在为了生活中的一点小事，一点小的困难、挫折而理所当然地接纳失败，给我们的努力画上"休止符"。其实，这样的我们并不是败给了失败，而是败给了自己。

我们很多时候都会抱怨，为何自己已经这么努力了，却还是无法成功。其实，扪心自问，我们真的如自己想象的那样拼尽全力吗？一些人总是一边抱怨一边假装很努力，因此，这样的人又有什么资格埋怨收获太少呢？当被问及为何不奋力一搏的时候，又会有人说出这样那样的理所当然和顺理成章。实则，不过是自己内心的恐惧设限了我们的人生而已。就像史玉柱曾经说过的：人生最大的敌人是自己，多数人的失败，都是输给了自己。正所谓失败的原因各式各样，成功的道理却只有一个相同的样子：我们总是太害怕失败，所以才会真的失败。

9岁的小强是一个特别聪明的孩子，在班级里经常受到老师的夸奖。他的父母常年在外面打工，一年也就回来一两次。这一次的家长会，父母刚好在家里，前去参加。老师也说了会在这次的家长会上表扬考试前三名的同学，以鼓励大家。于

第八章 拥有强大的内心，就拥有无穷的力量

是，小强暗暗下定决心，这次一定要好好考试，让父母开心地参加自己的家长会，为自己感到骄傲。父母也表示，如果小强考试能够得到全校第一名的话，就考虑给他转学，让他去到父母工作的城市上学，一起生活，这对小强的诱惑力实在是太大了。

考试的时候，小强一直想着：这次我一定要考好了，因为这回的考试不光关系到自己的名次，还关乎到自己未来上学的"命运"。于是，在考试过程中，一向镇定聪明的小强连呼吸都开始变得急促，握笔的手也一直在颤抖。试卷中的题目似乎故意加大了难度，接连好几道题目，小强都算不对。本就紧张的小强更加焦急了，最终竟未能在规定时间内完成考卷。一门课程的考试失败了，小强感觉到整个天都塌了下来，再也没有信心好好准备接下来的几门考试。就这样，原先成绩优异的小强因为自己的紧张，导致考试失利了。

与其说，小强败给了考题，倒不如说小强败给了自己，败给了他的内心恐惧。其实，很多时候，亲爱的朋友，我们的人生也是如此，当你在害怕的那一瞬间，其实就已经注定了你的失败。我们在害怕的一瞬间，心理就已经处于弱势地位，这时就算我们拥有再高的技艺，也注定是失败的结局。就像法拉第曾经说过的一句名言："拼命去换取成功，但不希望一定会成功，其结果往往会成功，而这通常也是成功的秘密。"我们在

面对各方压力的时候，往往会被内心的恐惧所控制，变得心神不宁，惶惶不安，继而导致发挥失误。

由此可见，当你畏惧失败的时候，反倒可能更快地遭受失败，这就是所谓的未战先败。我们只有首先在精神上战胜自己，才能够让自己克服对失败的恐惧，才能够让自己心态平和地走向卓越。如果这世界上有任何的成功秘方，其中最关键的元素必定是你对成功的欲望远远大于对失败的恐惧。因此，用平常心对待身边的一切挑战，轻松处理身边的一切困难，克服内心过多的欲望和恐惧，我们就能获得成功。

坦然面对失去，才能无所畏惧

生活的智者说：人生总是有舍才有得。确实，无数次的经历告诉我们，人生路上，在追求梦想的过程中，我们总是会或多或少地有所失去，但也往往正是这些失去，才让我们变得无所畏惧。

不知道在什么时候，我跟小雅就断了联系。偶然在网络上遇到了，也不似从前般无话不谈。小雅是我的堂姐，但其实只

第八章
拥有强大的内心，就拥有无穷的力量

比我大了不到一个月。小时候，我们两家住得很近，我母亲与她母亲也很交好，我们便经常一起见面玩耍。后来在同一所小学上学，我们的关系更是亲密无间。直到上了中学，因为父母工作的原因，小雅跟着她的爸妈离开了我们一起生活的镇子，去了另外一座城市，那是我第一次体会到离别和失去的滋味。原来，失去竟是这么平常又毫无仪式感的一件事情。

那时的我们尽管很伤心，却还是无可奈何地跟对方告别，并约定好一个月见一次面。而后的生活里，随着各自生活轨迹的不同和学业的繁重，我们渐渐失去了联系。直到我们各自上了大学，居然再次在同一所城市相聚。我们再次恢复了联系，也恢复了我们之间的友谊和亲情。可以说，整个大学期间，我们都是相互扶持着支撑过来的。我们一起上课，一起在假期出游，每日无话不谈。那些一去不复返的青春是那么亮眼，也是我们之间最为美好的回忆。

生活中，我们常常会面对着各种离别和失去，有时我们会一时无法接受，陷入深深的悲伤无法自拔。但是，所谓长大，便是开始接受失去。失去越多，经历越多，对未来才会更加无畏。当我们不再畏惧失去，我们就能够有不断向前的勇气。不论失去是暂时的还是永久的，只要我们能不断向前看，就会在人生的旅途中不断获得，不断遇见新的世界。直到某一天，你就会发现：离别，失去与再获得新的，早已变成了我们生活的

一部分，无法分割。总是在不知不觉间，我们就已经在和过去说拜拜，就已经在和未来打招呼。没有人知道未来究竟会怎样，但我们总能够安全到达并安然度过。因此，亲爱的朋友，不用害怕改变，更不用害怕失去，人生路上，失去的只是不再与你合谋的人与物，是与非。即便强求，刻意挽留，过分执着，最终的结果也只会是与自己过意不去。

时光和经历总是会无情地改变我们的模样，但我们不能因为害怕这些失去就停下前进的脚步，因为失去的已经失去，不能再回头，而想要得到的还没有得到，所以我们只能奋勇向前。既然如此，亲爱的朋友，请学会无畏，让自己坚强起来吧。

第九章

独立思考，锻炼真正的强者思维

第九章 独立思考，锻炼真正的强者思维

与时俱进，不断学习和接纳新事物

新鲜事物，从狭义的角度说，就是在我们的生活和生命中，未曾出现过的事物。新鲜事物也许是一件具体的物品，也许是一种全新的理念，也许是我们从未涉及过的领域，总而言之，就是所有从来没有接触或尝试过的存在。如果把参照物设定为整个社会，新鲜事物是人人都未接触过的；如果把参照物设定为我们既有的经验和经历，那新鲜事物也可能指的是社会上已经出现而我们还未曾感受的。新鲜事物，顾名思义，其中一定包含着很多更新的、先进的知识或技能，因此，面对新鲜事物，学习是必须的。

新鲜事物是推动社会前进的力量，新鲜事物的出现，人们从排斥抵触，到欣然接受，就标志着社会往前进了一步。互联网刚刚出现的时候，对这个虚拟的世界，很多人欣喜若狂地接受，也不乏有人将其视为洪水猛兽，而如今，互联网已经完全渗透进我们的生活，大部分工作都要依靠互联网操作。再看看现在的购物模式，马云率领阿里巴巴团队开展网络销售的时

候，大多数人对此持怀疑态度，如今，网络购物方便了无数人的生活，使整个中国，乃至全世界变成了一个巨大的市场。由此可见，人们接受新鲜事物的能力是非常强的。很多时候，新鲜事物除了能给我们的生活带来便利，还能让自己充满活力。如果你怀着包容和接受的心态面对新鲜事物，你就会发现，你的心态越来越年轻，也更容易和大多数人同步，并得到他们的认可。

2008年底，奥巴马在总统选举中一举得胜，当选第56届美国总统已无悬念。据初步统计结果，奥巴马以297票的高票数，超过当选总统所需的270张选举人票的标准。奥巴马是美国历史上的第一位黑人总统，他的当选有着重大的历史意义。其实，他之所以能够获得成功，和他有效地接受新事物并将其为自己所用的心态是分不开的。纵观美国历史，有很多总统都善于利用科技的力量，如罗斯福为了安抚美国民众，开展的"炉边谈话"，肯尼迪开展的电视辩论，都离不开该科技的支持。而奥巴马则在社交网站上申请了自己的账号，在短短的时间内拥有了数百万的"粉丝"。在此之前，没有任何候选人像奥巴马一样拥有这么多的粉丝。正是拥有如此大量的粉丝，美国民众才觉得奥巴马首先是一个非常平易近人的人，其次才是总统候选人。奥巴马独特的方式，使他一夜之间通过社交网络平台走进了每一位美国民众的心里，当选也就是理所当然的事情了。

和其他候选人比起来，奥巴马显然棋高一招。归根结底，奥巴马之所以能成功，就是因为他敢于接受新鲜事物，且真正学会了如何运用新鲜事物。

科技的发展日新月异，未来还会不断地涌现出更多的新鲜事物。我们千万不能墨守成规，排斥新鲜事物，而应该张开双臂拥抱新鲜事物，不遗余力地终身学习，只有这样，我们才能与时俱进。

多角度看问题，才能找到客观理智的思路

很久以前，我们习惯了从一个角度看问题，所以很多电视剧、电影里，好人就是好人，好得轰轰烈烈；坏人就是坏人，坏得彻彻底底。后来，我们意识到，人是复杂的，好人也有弱点，坏人也有优点，所以影视剧中好人和坏人的形象越来越立体，越来越生动，这个人虽然很好，但那件事情做得不够完美；那个人虽然很坏，但也有一些善良的地方。不管是人还是事物，都有其多面性，因而，我们应时刻注意，要从多个角度

客观看问题。

世界每时每刻都处于变化之中，只有从多个角度看待问题，我们才能更加客观公正，也才能做到与时俱进。人生也是如此，人生就是不断接受改变的过程，所以我们常常要用新的标准和发展的眼光衡量人或者事物，这也是从多个角度看问题的一个方面。在前进的道路上，我们常常会遇到坎坷和挫折，原本计划好的事情，也许因为一个小细节的改变，结局就有了很大的不同。这样的结果是我们不想看到的。一味地排斥和拒绝不能使结果变得更好，只会让我们更郁闷。如果改变角度想一想，也许这个坏的结果可以作为好的起点，重新开始。做人最怕的就是钻牛角尖，时代瞬息万变，我们也应该时刻转换思维，不要一条道走到黑。

从多个角度看问题，我们就会形成发散性思维。所谓发散性思维，也叫求异思维、扩散性思维，指的是在遇到问题的时候，能够产生很多不同的想法，最终找到最好的解决问题的方法，甚至找到创新性的办法。任何事情都不是非黑即白的，只有从多个角度看待问题，我们才能不仅仅局限于事物的表面，深入事情的本质。

很久以前，有五个盲人，他们从未看过大象，都很奇怪大象到底是什么样的。为此，他们决定一起摸一摸大象。第一个人摸到大象的鼻子，说："大象是一根软软的管道。"第二个

第九章 独立思考，锻炼真正的强者思维

人摸到了大象的耳朵，说："大象就像蒲扇，很大，还能扇风呢！"第三个人摸到了大象的尾巴，说："大象又细又长，就像一根棍子。"第四个人摸到了大象的身体，说："大象就像一堵墙，非常厚。"第五个人摸到了大象的腿，说："大象是一根柱子，又圆又粗。"

五个盲人争辩起来，谁也说服不了谁。这时，站在一旁的人说："你们都说错了，你们摸到的只是大象身体的一个部位，必须摸完全身才能知道大象的样子。"

有一家玩具店进了一批新玩具，老板把它们整齐地摆放在货架最好的位置上，想让更多的小朋友发现它们，把它们带回家。然而，小朋友进入玩具店之后，似乎对这批新玩具视若无睹，只顾着去挑选其他货架上的玩具。老板百思不得其解，问了好几个孩子才发现问题所在。原来，他的玩具摆放的位置正好在成人眼睛水平线的位置，对成人来说是很容易发现，但对身材比较矮小的儿童来说，必须仰着头才能看到。老板蹲下来，发现儿童的最佳视野在货架的下一层，因此，他赶紧把新玩具都调整到了低一些的货架上。果然，进店的孩子们第一眼就看到了新玩具，很快就被抢购一空了。

盲人摸象的故事告诉我们，看待事物，应该从多个角度全面看待。否则，就会像故事里的盲人一样片面地认识事物，只要坚持多角度看待问题，这种贻笑大方的事情就不会发生。在

第二个事例中，老板刚开始以成人的角度看待问题，忘记了孩子们的身高问题。后来，他站在儿童的角度看问题，才找到摆放新玩具的最佳位置，实现了营销的成功。

不管是看人，还是看事物，我们都应该坚持从多个角度看。只有考虑全面，我们才会有客观公正的态度，才能做到全面而又理智。在处理问题的时候，才不容易有死角，从而找到处理问题的最佳方法。

强者，拥有灵活的头脑和卓越的思维

每个人都是思考者，每一个年轻人都会锻炼自己的头脑，扩展自己的眼光和思维。现在是一个脑力制胜的年代，谁的想法更高明，更有效，谁就更容易提升自己的价值。很多时候，一个金点子，花费不多，却拥有点石成金的力量。只有看到别人看不到的东西，才能做到别人做不到的事。灵活的头脑和卓越的思维为人们提供了这种本领，深入地洞察每一个对象，就能在有限的空间内成就一番可观的事业。

当你善于独立思考，把思考能力转变为创意时，你的生活现状也许就会发生质的改变。商人说，创意无法标价，但它实施后创造的价值却是切切实实的。年轻人在刚刚步入社会时，一般很难立即拥有发财致富的机遇，这也符合踏实肯干、付出才能有所收获的道理。或许我们此时实力不足，但如果能用好创意，常常会达到事半功倍的效果。

创意不是高深的科学技术，它的起源常常是人们的灵机一动，不需要经过严谨的学术训练和精密的理论论证。创意人人都有，但它更青睐于细心观察生活并随之跟进的人。创意是改变生活的加速度，它可以不是一件实实在在的产品，而是一种另辟蹊径的思维方式。如果想要改变自己的人生历程，只要头脑灵活，感觉敏锐，创意就是你手中最有力的一根杠杆，它可以影响人生的成就。

世界著名的成功学大师拿破仑·希尔著有《思考致富》一书，在书中，他提出是"思考"致富，而不是"努力工作"致富。希尔强调，工作最努力的人最终绝不会富有，如果你想变富，你需要"思考"，独立思考而不是盲从他人。对多数人来说，把思考和金钱联系在一起的，就是创意。

强者思维

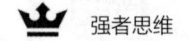

积极的心理暗示，能让你做到正面思考

在心理学中，暗示就是潜移默化地影响人的心理和潜意识，从而让人的行为和心理发生改变。在现实生活中，每个人都会给自己一些暗示。暗示分为两种，一种是积极的暗示，另一种是消极的暗示。消极的暗示就是把事情往坏的方面想，总是纠结于自己不曾得到的或者已经失去的。相反，积极的暗示则是把事情往积极的方面想，从而让自己更加满足，更加乐观。当然，暗示并非是有意识进行的，而是在不知不觉中进行的，暗示的特性也使暗示对人的影响润物细无声，总是在悄无声息中改变人外在的行为表现。正因为这样的潜移默化，暗示对人的影响很难改变和消除。

在生活中，我们应该有意识地运用积极的暗示。当人生充满了积极的暗示，生命就会变得更乐观向上，生活也会春暖花开。由此可见，积极的暗示对人生有着特殊的意义，所以在面对人生的时候，我们一定要养成乐观思考的好习惯。否则，一旦形成消极的坏习惯，我们接受的暗示也都将是消极的，那么我们的人生也就会因此陷入负面的影响之中，受到更多的损失和伤害。

最近这段时间，乔治失去了工作，处于失业的状态，为此

第九章

独立思考，锻炼真正的强者思维

他不得不接受街道办事处给他推荐的工作，主要负责照顾一位老先生的饮食起居，白天帮助老先生做好所有的家务事。从职场白领成为老先生的贴身保姆，乔治经历了一段适应的时间，后来在与老先生相处的过程中，他渐渐感受到了乐趣，也喜欢上了这份工作。

老先生年纪很大，有些返老还童的表现，因而总是做出让乔治意外的事情。在与老先生相处的过程中，乔治也学会了很多人生的智慧，以及与老人相处的技巧。有一天，已经深夜了，老先生突然来敲乔治的门。他皱着眉头对乔治说："我每天晚上都需要吃安眠药才能入睡，但我的药已经吃完了，你有没有安眠药可以给我吃呢？"乔治向来睡眠良好，从来没有吃过安眠药。他原本想直截了当地拒绝老先生，但看到老先生苦恼的样子，他突然想到一个好办法，对老先生说："老爷爷，你可真有福气，我的朋友刚刚从国外给我带回一种最新型的安眠药，据说效果特别好。本来我自己还不舍得吃呢，既然你睡不着觉，我就分给你一粒。你先回去，我马上找来送给你。"老先生走了之后，乔治从装着维生素片的瓶子里拿出一粒药片，送给老先生，说："我保证你一晚上都能睡得又香又甜，就像孩子一般。"老先生对乔治表达了感谢，马上吃下了那粒维生素。果然，他当天晚上的睡眠好极了。

在这个事例中，乔治用维生素代替了安眠药，给老先生服用。毫无疑问，维生素并不能真正起到安眠药的效果，只能给老先生积极的心理暗示，使老先生的睡眠状况有所改善。由此可见，老先生的失眠并不是因为身体的原因，而是由他的心理原因导致的。在积极的心理暗示下，老先生的睡眠状态才得以改变，睡得越来越香甜。

不可否认，暗示的力量是非常强大的，现实生活中，每个人都会遇到很多为难的事情，假如能够积极地暗示自己，就会拥有强大的力量，在日常生活中也会保持愉悦的心情，快乐地度过每一天。否则，如果总是给自己消极的心理暗示，心情就会越来越糟糕，也会导致他们在人生中的表现变得更糟糕。实际上，快乐并不是从外界得到的，而是来自我们的内心。每个人只要进行积极的心理暗示，就能够拥有快乐；每个人只要让自己的内心变得更强大，就能越来越接近成功。

真正的竞争，是思想的较量与博弈

在这个弱肉强食、适者生存的时代，因为人才辈出，人与人之间的竞争越来越激烈。在这种情况下，几乎每个人都为了获胜而绞尽脑汁。

第九章
独立思考，锻炼真正的强者思维

当然，要想与他人进行思想的博弈且获胜，我们首先应该战胜自己。一个人最大的敌人就是自己，我们只有战胜自己的胆怯，帮助自己鼓起勇气，才能在竞争中获得胜利。有些人为了获胜不择手段，总是绞尽脑汁地使出坏点子对付他人，这样的人也许能够暂时领先，但最终一定惨败。其次，要想与他人进行竞争，我们就必须时刻保持理性。很难想象，一个歇斯底里、被自己的坏情绪左右和控制的人如何能时刻保持理性。因此，我们必须先调整好自己的心态，坦然面对诸多困境，才能宠辱不惊，在一切竞争中都时刻提醒自己戒骄戒躁。古人云，天时地利人和。要想取胜，我们除了自身要具备各种条件外，还要争取利用对我们有利的环境。不过需要注意的是，我们是利用环境，而不是依赖环境。要知道，好的环境对我们最终的胜利能够起到事半功倍的效果，相反，不好的环境却会妨碍我们获胜，甚至会导致我们失败。

2006年5月，哈佛大学的学生——中国女孩朱成，和其他两个候选人一起，为了赢得哈佛大学研究生学院学生会主席的职务，展开竞争。

当时，隆格里德斯为了战胜朱成，刻意挖掘朱成所谓的"丑闻"，诬陷朱成为了获取钱财，以救助南非孤儿的名义进行募捐。当然，朱成问心无愧，因而很快就站出来为自己澄清了。此后，同样参加竞选的哈里以相同的手段诬陷隆格里德斯，指责隆格里德斯曾经因为在超市里行窃被警察询问，并公布了隆格里德斯遭受警察询问时的视频。要知道，这可是关系到人品问题的大事情，知道真相的朱成以德报怨，非但没有看着隆格里德斯出丑，反而主动走到大众面前，在公开场合为隆格里德斯澄清事实。在朱成的解释下，大家都相信了隆格里德斯并非是因为偷窃而遭到警察询问，相反，他是因为见义勇为，在超市里抓住手脚不干净的小偷，才配合调查的。就这样，朱成帮助隆格里德斯赢得了很多选票。这时，隆格里德斯被朱成的高尚品格折服了，他主动退出了竞选，并号召大家都支持朱成。

在激烈的竞争中，朱成虽然遭到隆格里德斯的恶意诬陷，却没有记仇。她把中国自古以来代代相传的古训——以德报怨发挥到极致，在隆格里德斯遭到哈里的诬陷时，主动站出来帮助隆格里德斯澄清，从而彻底征服了隆格里德斯。

现代社会，虽然很多行业的竞争都变得十分残酷和激烈，但是人性的美好始终在竞争之中闪耀光辉。人之所以成为顶天立地的人，就是因为人们充满着凛凛正气，也不愿意与那些罪恶同流合污。否则，若我们失去做人的原则和底线，就算赢得了竞争，又有何意义呢？做人，一定要心平气和，更要问心无愧，这样才能傲然挺立于天地之间。

第九章　独立思考，锻炼真正的强者思维

不断创新与尝试，才能找到解决问题的方法

人们常说，条条大路通罗马。这句话的意思是，罗马城的道路建造得非常好，不管沿着哪条路朝着罗马的方向走，最终都能到达无比繁华的罗马城。后来，人们也用罗马形容各种各样的目标，更以"条条大路通罗马"这句话比喻人们只要愿意不断尝试、不断创新，就能找到解决问题的方法。

的确，生活不是一帆风顺的，在漫长的人生道路上，我们总是盼望着实现好的结果，最终却发现一意孤行根本无法满足自己的心愿，唯有采取灵活的思维方式，才能帮助我们独辟蹊径，甚至以不寻常的路到达彼岸。其实，所谓条条大路通罗马，在瞬息万变的今天，也有新的解释。每个人的客观条件和实际情况都是不同的，任何情况下，要想解决问题，都必须从实际情况出发，结合自身情况，从而做出最正确的选择。需要注意的是，很多时候，我们因为习惯受益，也会因为习惯受到莫大的局限。举例而言，连续早起几个早晨，我们就能够形成生物钟，到了时间主动醒来。然而，假如我们一直在以相同的方法处理问题，即使我们面对着完全不同的问题，也依然会因循守旧，墨守成规。如此一来，瞬息万变的情况自然会使曾经的好办法失效。在这种情况下，最有效的办法就是考虑到每一个细节，哪怕是不足为道的细节，才能够及时调整解决问题的

强者思维

思路和方法，从而使人生柳暗花明又一村。

为了帮助同学们理解思维定式的弊端，一位心理学教授在给学生们讲授思维定式之前，先问了一个问题："一个又聋又哑的人去五金商店，他想买一些钉子。看到售货员之后，他先是用左手的拇指和食指做出拿着钉子的动作，又把左手重重地放到柜台上，再用右手模拟拿着锤子的动作，对左手进行敲击。看到这里，售货员首先拿了一把锤子递给聋哑人，但聋哑人摇摇头，接连摆着右手，又指了指自己的左手。售货员恍然大悟，赶紧拿来了一些不同型号的钉子。"说完，教授停顿片刻，接着说："这时，商店里又来了一个盲人，他想买剪刀。同学们，你们不妨想一想，他会如何表达自己的需求呢？"

这时，很多同学都兴致勃勃地举手，想要发言。教授点名让三个同学发言，他们全都说盲人可以用手指比出剪刀的样子，售货员一定一目了然。不想，教授却笑着摇头，说："同学们，你们现在就陷入了思维定式之中。你们知道聋哑人需要比划手势买东西，就以为盲人也需要比划手势实际上，盲人并不聋也不哑，他只要直接说出自己想买剪刀就可以了。"

听了教授的正确答案，同学们全都懊丧自己没有想出这么简单的答案，同时也深刻意识到思维的死角力量这么强大，甚至会阻碍人们正常的思维和逻辑思考。

第九章 独立思考，锻炼真正的强者思维

教授先是详细讲述了聋哑人以手势购买钉子的过程，把同学们带入具体的情境之中，又以盲人作为陷阱，把同学们带入了思维定式之中，使同学们误以为只要是残疾人，就都要使用手势与售货员交流。在此，同学们因为受到思维定式的影响，完全忘记了聋哑人是听不见也不能说话的，但盲人只是看不见，而语言丝毫不受影响。由此一来，他们的回答自然也失之偏颇。

现实生活中，我们无意间养成了很多习惯，很多我们以为理所当然的事情，实际上都是思维定式在捣乱。在思维定式的影响下，我们的思维渐渐因循守旧，也越来越僵化，这也直接导致创新能力的丧失和想象能力的受限。在这种情况下，我们应该竭尽所能地抓住各种机会，训练自己的发散思维。不管是黑猫还是白猫，只要能够抓住老鼠的就是好猫。同样的道理，我们的思维也不应该受到局限，只要能够提出解决问题的好方法，就意味着我们的思维方式是可取的。

独立思考，善于运用逻辑思维

日常生活中，可能我们都有这样的感触：对那些已经经过

前人证实的观点或者众人都认同的思想，我们通常会本能地接受，甚至省略思考的过程。而事实上，如果一个人总是有从众心理的话，那么他最终会随波逐流，毫无创新意识和创新能力，从而一事无成。

哲学家尼采说："我们不能被人们的心理波动所驱使，错误地判断事物是否重要。"也就是说，对任何事物，我们都要有自己的思考，要养成凡事不要只看表象的习惯，有问题时就要有寻根究源的愿望，再巧用逻辑思维找到答案。

很多时候，事物的表象往往具有迷惑性，要想拨开迷雾，就要善于运用逻辑思维。因为逻辑思维既不同于以动作为载体的动作思维，也不同于以表象为凭借的形象思维，它摆脱了对感性材料的依赖。

人都是独立的个体，对事物都应该有一个主观的看法和评价，一味地顺从别人的看法，你将找不到属于自己的路。然而，我们的生活中有这样一些人，他们已经习惯了听从他人的意见，甚至缺乏判断和选择的能力，这样的人又怎么可能获得别人的尊重，又怎么可能独当一面呢？

因此，生活中的人们，如果你希望在未来社会闯出一片天地，那么从现在起，无论遇到什么，都要学会独立思考，不能人云亦云。

第九章 独立思考，锻炼真正的强者思维

为此，我们需要注意几点：

1.采用稳健的决策方式

有时候，你的大脑可能会陷入哪个好哪个坏的争论之中，事实上没有这个必要，只要没有明确的二者择一的必要，就不必太早决策。

2.要养成独立思考的习惯

不能独立思考，总是人云亦云，缺乏主见的人，是不可能作出正确决策的。如果不能有效运用自己独立思考的能力，随时随地因为别人的观点而否定自己的计划，将很容易使自己的决策出现失误。

3.不要试图什么都抓住

过高的目标不仅没有起到指示方向的作用，反而由于目标定得过高，会带来一定的心理压力，束缚决策水平的正常发挥。事实上，多数环境中，如果没有良好的决策水平作为支撑，一味地追求最高利益，势必将处处碰壁。

4.不要怕工作中的缺点和失误

成就总是在经历风险和失误的自然过程中才能获得。懂得这一事实，不仅能确保你自己的心理平衡，而且能使你自己更快地向成功的目标挺进。

5.不要对他人抱有过高期望

不听从他人，但也不能对他人百般挑剔。要知道，希望别人的语言和行动都符合自己的心愿，一切都能投自己所好，是

不可能的，那只会自寻烦恼。

  一个人，活着就必须要活出自我，就要学会支配自己的大脑，就要有自己的主张，这样才能维持一个人的格调。总之，我们一定要有自己的想法，有自己的原则，当你认为自己的观点是正确的，就没必要为了讨好别人而去迎合别人，也没必要因为害怕得罪人而对别人的要求来者不拒。

  一个有从众心理的人是很容易人云亦云的，这种心理足以抹杀一个人前进的雄心和勇气，也足以阻止他用自己的努力换取成功的快乐。它还会让我们跟随他人的脚步，并只能停在别人的身后，以致一生都碌碌无为。因此，如果你想获得成功，从现在起，就学会独立思考吧。

第十章

精准定位，不做无畏的浪费

第十章
精准定位，不做无畏的浪费

确立方向，人生才不会南辕北辙

在人生中，我们固然面临很多选择，但必须要做出决断，让自己选定方向努力前行。人生的道路尽管有千千万万条，可我们分身乏术，只能选择其中一条道路走。若我们在好几条道路上徘徊，时而想向前，时而想向左，时而想向右，最终的结果只会让自己迷失，根本不知道路在何方，人生也会因此受到很严重的影响。

曾经有一家生产果酱的公司专门进行市场调查，想看看哪一种口味的果酱更受大众的欢迎。为此，他们进行了实验。在一个大的场所里摆了6种口味的果酱，让100位顾客进去选购。然后，又在这个场所里摆放了20多种口味的果酱，再让另100位顾客进去选购。结果证实，顾客在面对6种果酱时选择购买的概率，远远大于后者的概率。由此可以证实，人在选择最多的时候往往不容易下定决心，只有在数量适度的选项下，才能快速做出决断。

人生也是如此，我们不需要面对太多的选择，也不要逼着自己只能走一条路。其实，在为数不多的选择中，人们更容易作出理性果断的抉择。因为在为数不多的选择中，人们更容易确立人生的方向，也更容易形成人生的目标。

人生就像在大海上航行，即使是经验再丰富的水手，也需要有罗盘和指南针作为指引。如果没有方向，航行就会漫无目的，导致不知所踪，彻底迷失在海洋深处。人生也是如此，只有在方向的指引下，才能更加有的放矢地奔向前方，才能在方向的指引下不忘初心，奔赴目标。当然，人还应该有灵活的思想，因为确立目标并不意味着一成不变，而是要在自己不断努力进取的过程中顺势而为，随机应变，从而根据自己的优势和长处及时调整方向，也根据自己的劣势和短处及时避开不足，这样才能在生命历程中融会贯通，获得更长远的成长和发展。

一直以来小叶的工作表现都不是很好。小叶是一个活泼外向的女孩，如今从事的却是枯燥乏味的文员工作，每天与各种各样的文件、数字和表格打交道，小叶觉得自己的脑袋都大了。但是，因为当初小叶学的就是秘书专业，因此首选了这样的工作。

常常感到工作枯燥乏味的小叶，决定辞掉工作，去寻找更好的自己。她没有着急找工作，而是找专业的人力资源师进行咨询，询问自己这样的性格、专业到底适合从事什么工作。小

第十章
精准定位，不做无畏的浪费

叶找的专业人力资源师就是她的姑姑。姑姑几乎不假思索地对小叶说："这还用问吗？你是做销售的好苗子！"提起销售，小叶有些害怕，问姑姑："销售不是压力很大，据说连睡觉都睡不着的吗？"姑姑笑起来，说："内向敏感的人在做销售工作的时候，也许会因为心理压力太大而出现紧张焦虑的情况。你从小可就是开心果，性格开朗，活泼爱笑，性格还有些大大咧咧，我觉得你没问题。你知道吗？销售工作虽然很辛苦、很累，但收入也是很高的。你要相信自己一定可以做到。"对姑姑的鼓励，小叶陷入沉思。咨询完后，小叶专门了解和研究了销售工作，最终下定决心挑战自己。

果然，不出姑姑所料，小叶做起销售得心应手，虽然卖的是房子，是大额不动产，但是聪明伶俐、勤学好问的她，才进公司半个月就开了生平第一单。小叶高兴不已，姑姑也由衷地对小叶竖起大拇指："小叶，你只要坚持，前途一定不可估量。"

如今在职场上，很多年轻人都抱怨工作很疲惫辛苦，抱怨自己在工作上没有得到丰厚的回报。殊不知，当你对人生迷惘，且总是把时间和精力花费在自己不擅长也不精通的事情上时，你就是在做无用功。就像我们曾经学过的课文，如果总是南辕北辙，则一定无法把很多事情做好。尤其是在方向错误的情况下，很多原本有利的因素都会变成不利因素，导致事与愿违。

当然，要想确立正确的人生方向，要想把好钢用在刀刃上，我们就要先客观公正地认知自己。如果对自己都没有准确的定位，如何才能发挥自己的特长，从而让自己更好地成长和发展呢？定位在先，方向在后，当我们设定好人生的航线后，就可以开足马力，勇敢前进了！

用脑去想，用心去做

人活于世，仅仅知道做什么是不够的，因为人的命运取决于做事的结果，而结果取决于做事的方法。做事持之以恒，有毅力，肯努力，这些都是优秀的品质。然而，方法比努力更重要。抓不住事情的关键所在，只知道埋头干事的人，最后只能白费气力，丝毫解决不了问题。对于现实中的年轻人来说，在学习和工作中，努力是好事情，但是光努力是不够的，还要多动脑，多思考，这样才能真正做出成绩。要善于观察、学习和总结，仅仅靠一味地苦干，只埋头拉车而不抬头看路，结果常常是原地踏步，明天仍旧重复昨天和今天的故事。

每一个人都要努力做到：用脑去想，用心去做。学会思

第十章 精准定位，不做无畏的浪费

考，学会发现问题、解决问题，学会认认真真地做好每一件事，聪明地做事，好机会就会来到你的身边。大部分人都总是专注于他们的欲望，无所作为地工作，以致没有时间思考少花时间和精力的方法。缺乏思考能力和做事方法的人，往往事倍功半，费力不讨好。

无数人的实践经验证明了这一点：单纯地努力工作并不能如预期的那样给自己带来快乐，一味地勤劳也并不能为自己带来想象中的生活。懂得思考，掌握方法，这是做事最关键的一点。身处于竞争激烈的社会中，同样一项工作任务，有的人可以十分轻松地完成，而有的人还没有开始就时不时出现了这样或那样的问题。其中的关键，就在于前者用大脑在工作，想方法解决问题。只有在工作中主动想办法解决困难、问题的人，才能成为公司中最受欢迎的人。

在生活中，我们不可能总是一帆风顺，遇到难题的时候，绝对不要一味用蛮力干，要多动些脑筋，看看自己努力的方向、做事的方法是不是正确。

从小到大，我们都始终认为，努力与坚持占据着重要的位置。我们无一例外地被教导过，做事情要有恒心和毅力。"只要努力，再努力，就可以达到目的。"这样的观念根深蒂固地存在于某些人的头脑里。

一个人如果按照这样的准则做事，可能会不断地遇到挫折，并产生负疚感。人活于世，仅仅知道要做什么是不够的，因为人的命运取决于做事的结果，而结果取决于做事的方法。不掌握正确的做事方法，往往做的都是无用功，正确的方法比执着的态度更重要。调整思维，尽可能用简便的方式达到目标，选择用简易的方式做事，这是聪明人做事的方法。

方向不对，路走得再多也是徒劳

　　有句话说得好：方向不对，努力白费。或许，你每天都在加班，工作从不惜力，甚至是一个彻头彻尾的完美主义者，而最后取得的成绩却是平平。那么年轻人，你在持续努力之前，是否选对了方向呢？当我们在穿衣服系扣子的时候，如果第一颗纽扣扣错了，后面的扣子肯定会跟着出错。人生也是一样的道理，如果我们选择的方向不对，不管我们付出多少倍的努力，最终的结果都是白费。甚至，我们付出的努力越多，偏离自己的目标就越远。

　　只知道跟在别人身后漫无目的地奔跑，结果只会适得其反。现实生活中也有很多这样的人。拥有自己的方向，并懂得努力的人，就如一个高尔夫球高手一般，会在生活这唯一一次的竞赛中取得优异的成绩。

第十章

精准定位，不做无畏的浪费

威廉是一个十分勤奋的青年，他特别希望在各个方面超越别人。经过多年努力，他却依然没有什么成就，他对此感到迷茫，希望智者能为自己指引一个方向。

这时，智者叫来自己的三个弟子，嘱咐弟子们把威廉带到山上，每人砍一担自己最满意的柴火。于是，威廉和智者的三个弟子沿着门前的江水直奔山上，智者则在门前等他们。

过了一阵子，首先回来的是威廉，他扛着两捆柴火，智者让他在一边休息。不一会儿，智者的两个弟子也扛着柴火回来了。最后回来的是小弟子，他从江面上驶来一个木筏，上面载着八捆柴。威廉看见这个情形，解释说："我刚开始就砍了六捆柴火，扛到半路，走不动了，只好扔了两捆；又走了一会儿，还是感觉柴火压得自己喘不过气来，又扔掉两捆。最后我就只扛回来这两捆柴火，但是大师，我真的已经很努力了。"这时大弟子说："我和他刚好相反，刚开始，我们俩各自砍了两捆柴火，我和师弟轮流担，觉得很轻松，最后，我们还把这位施主丢弃的柴火也挑了回来。"这时，小弟子说："我个子矮，没什么力气，这么远的路程，就是一捆柴也无法挑回来，所以我选择走水路，自己造了一个竹筏，就这样回来了。"

智者听了，微微颔首，走到威廉面前，拍着他的肩膀，语重心长地说："一个人要走自己的路，无可厚非，关键是如何走；坚持自己的路，让别人说，也无可厚非，关键是你走的路是否对。年轻人，你要永远铭记：选择方向比努力更重要，选错了方向再努力也是白费力气。"

人生有很多条道路，路到尽头，我们就应该及时转弯。我们总是敬佩那些执着努力的人，他们的精神感染了许多青年人，热血沸腾地努力拼搏。但你是否在其中保持了一个辨别方向的清醒头脑呢？有人统计过，在一般人所作的努力中，无效努力的成分占到80%以上，而使你成功的有效努力的成分仅占20%左右。

因此，我们可以说，积极地开发自己，调动自己的积极性，执着地努力，这些都是年轻人获得成功的不二法则。在这中间，你还应该注意：一定要选择正确的方向，始终正确地努力，不要只顾盲目地奔跑，而失去了思考的能力。

强者，善于用自己的思想指导行动

每临大事要静气，是做成大事的基本素质之一，越是做重大的决策，越是要心平气和、头脑冷静。周密地分析各种信息、判断局势，才能做出认真负责、科学的决策。遇到大事之后，首先要做的不是想办法应对，而是整理自己的思路，有明

第十章
精准定位，不做无畏的浪费

确的思路和做每一步应有的准备，才能够有好的出路。

一个成熟的人想要做一件大事，就需要用自己的思想指导行动。也就是，首先要对自己将要做的事做一番考核、观察、调查，看一看实施的可能性是多少，要冒多大的风险，有多大的市场等，再开始规划、行动。

这样的调查非常重要，因为它决定着是否应该开始执行这项决策，周围的客观环境是否允许这样的行动。在商业上，也就是自己能否适应市场的需求，是否有市场，是否能盈利。在调查之后，可能就决定了做某件事，执行某个决策，但在执行之前，一定要对事情做一番完整的规划。

也就是说，要整理好自己的思路，如想要达到什么目标？通过哪几步完成？在每一个步骤中可能遇到怎样的阻力和风险？用什么措施预防和解决？当一个方案执行不下去的时候，有备用的第二套、第三套方案吗？

总之，做一件事情千头万绪，没有一个明确的思路，就极可能绕进做事的迷魂阵当中，不停地补漏洞，刚把前一个漏洞补好，后一个漏洞又出来了，甚至做到一半，突然发现这个方案根本不可行。这不但浪费了精力时间，更会让人们感觉疲倦，缺乏自信，甚至陷入左支右绌、杂乱无章中，找不到出路。

俗话说"提纲挈领"，写文章有了基本的大纲，才能够写得顺利，才能够把握住重点。如果没有明确的纲目，只能是"兴之所至，文之所至"，也就变成意识流小说了。做事情也是一样的，不能做到哪算到哪，尤其是非常重大的事情，必须先有一个大概的思路，往哪个方向走，经过几个步骤，要在头脑中清晰地演示一遍，真正做事的时候才能有章可循，也会更加顺利。

如果平时做事情就没有章法，没有明确的思路，当关键时刻到来时，我们也会因为准备不足、思路不够明晰、不够顺畅，而感觉事情没有头绪。处理一件事，首先要做的就是厘清自己的思路，再跟随思路想具体的办法。一件事千头万绪，我们必须找到一个正确的开端，必须在一个明确的思想指导下认清形势，才能有必胜的信念。人们必须看到明确的思路，才不会感到绝望，也不会感到疲惫、厌倦。当年抗日战争陷入持久战，人们丝毫看不到光明的未来，看不到任何希望，毛泽东写出了《星星之火，可以燎原》，指导中国人民进行了卓绝持久的抗战。不可想象，如果没有这个思想的指导，人们只是打一场战役算一场战役，会不会因为时间过长而生出绝望之心？答案几乎是肯定的，没有人能够在黑暗中坚持那么久，一个好的思路就是山洞口的一缕阳光，能够让人看到光明，看到出路。

任何一件事做久了，都会让人心生厌恶，感到没有出路。我们必须有一个明确的指导思路，以便让自己清楚已经有了什么样的进步，到达了怎样的阶段，已经有了怎样的成就，再坚持多久就可以大功告成。思路不仅可以用于指导出路，还可以用于缓解疲倦心理。

第十章 精准定位，不做无畏的浪费

做足智慧积累，不要指望临时抱佛脚

人们之所以能够在关键时刻临危不乱，想出好的处理方法，关键在于平时的智慧积累，在于事前的充足准备，这样才能够产生"急智"，于尴尬、困境之中自救。

有的人平时不怎么显眼，却总是能够在关键时刻发挥出让人惊叹的智慧，大放异彩；有的人则相反，平时一副才学满腹的样子，与人雄辩时也是滔滔不绝，关键时刻却苍白了脸，无法应对突发状况，一副见不得世面的样子。这固然与一个人的性格素质有关，但也与事前的准备、长期的积累是分不开的，因为任何的"急智"都来自平时的积累。

在处理任何事情时，人们都不可能因为一时的灵感，而处理得非常完美。所谓的急中生智，其实是建立在长时间的处理某件事情、对某件事的所有环节一清二楚的基础上，也是建立在长期为某件事做准备的基础上。面对关键时刻，或者重大事件，任何的急智都不可能胜过充分的准备。

俗话说的"台上一分钟，台下十年功"就是这个意思，演员之所以能够在台上表现得那么精彩，与他们在台下苦练功夫是分不开的。为什么有人能够"不鸣则已一鸣惊人"？他不鸣的时候在干什么？可以肯定地说，他是在为自己"一鸣动九霄"做准备。古人常常说"十年磨一剑"，现代的年轻人也要有这样的意识,在做事之前有充分的准备。这种准备分为两种:一种是对学识、智慧、经验的积累;另一种是针对关键事做的准备。

前一种就像是大考之前长久的学习准备,正所谓"养兵千日,用在一时","养"这个字非常重要,如果没有平日的学习积累,我们根本不可能做到好的发挥。只有打下良好的基础,才能够在关键时刻发挥出惊人的才华。所谓"厚积薄发"就是这个意思,如果你积累的本来就少,就算理解得再深刻,记忆得再牢固,也不免让人觉得浅薄。一个人沉稳厚重,也必定是他平日积累得多的缘故。

苏轼的父亲苏洵,年轻的时候颇有才智,但为人轻浮、懒惰,虽有急智,但不能闻达于天下。26岁之后,苏洵渐渐意识到了自己的不足之处,把之前所做的文章付之一炬,开始踏踏实实地积累,写文章,后来才成了天下闻名的文学家。他的两个儿子苏轼和苏辙也是靠着不断的努力和积累闻名天下。天底下到处都有极具小聪明的人,而要成大器还需要不断地积累。特别是遇到重大的事件,或者面对关键时刻,自己平日的积累就显得尤为重要。要知道,只有知识、聪明积累到一定程度,才能成为智慧,才能由量变达到质变,才能在关键时刻急中生智。

对关键时刻的来临要有充分的准备。例如,你想在一场竞

第十章 精准定位，不做无畏的浪费

选当中脱颖而出，就要对这次竞选的目的、人们对它的期盼有足够的了解，再据此做出充分的准备，才能在竞选中有更出色的表现。像美国的总统大选，议员们无不花费了大量的精力、时间、金钱做准备，才能在竞选中胜利。

想要在关键时刻表现得更好也是一样，你要对这件事情有针对性地做好心理准备，更要有方案准备，才可能抓住这次机遇。在关键时刻，充分的准备胜过任何的急智和小聪明，只有明白这一点，人们才能够踏踏实实地做事情，为事情做准备，而不是处处寻找可能的机遇。

在关键时刻，有准备，才能冷静，才能沉住气，也才能从容自若地对待和处理事情。

树立正确的理念很重要

只要开始，永远不晚。人生最关键的不是你目前所处的位置，而是下一步的方向。任何理想不经过实践和行动的证明，都将是空想。只要你心有方向，立即行动，任何理想都有实现的可能，相反，没有方向的路，走得再多也是徒劳。

你在生活中如果留心观察周围那些生活得幸福和愉快的年

轻人，就会发现他们现如今的快乐源于曾经的努力，当然，这并不是说他们有很多钱，也不是因为他们有很好的房子、工作，他们只不过是能够真正地为实现梦想而努力，知道自己接下来该做什么，怀着最真诚的心追求自己想要的东西。我们先来看一则寓言故事：

曾经在非洲的森林里，有四个探险队员来探险，他们拖着一只沉重的箱子，在森林里踉跄地前进着。眼看他们即将完成任务，就在这时，队长突然病倒了，只能永远地待在森林里。在队员们离开他之前，队长把箱子交给了他们，说：出森林后，请把箱子交给一位朋友，他们会得到比黄金更贵重的东西。

三名队员答应了请求，扛着箱子上路了，前面的路很泥泞，很难走。他们有很多次想放弃，但为了得到比黄金更贵重的东西，便拼命走着。终于有一天，他们走出了无边的绿色，把这只沉重的箱子拿给了队长的朋友，可那位朋友却表示一无所知。他们打开箱子一看，里面全是木头，根本没有比黄金更贵重的东西，那些木头也许一文不值，但是他们却在失去了队长带领的情况下走出了森林。

难道他们真的什么都没有得到吗？不，他们得到了比金子更贵重的东西——生命。如果没有队长的鼓励，他们就没有了

第十章 精准定位，不做无畏的浪费

目标，也就不会为之奋斗。在这里，我们可以看到目标在追求理想过程中的指引作用。

同样，追求梦想的过程也不是一帆风顺的，无数成功者为着自己的理想和事业，竭尽全力，奋斗不息。孔子周游列国，四处碰壁，乃悟出《春秋》；左氏失明后方写下《左传》；孙膑断足后，终修《孙膑兵法》；司马迁蒙冤入狱，坚持完成了《史记》……伟人们在失败和困顿中不屈服，立志奋斗，终于到达成功的彼岸。而当今社会，也有很多人以失败告终，这是为什么呢？很多人把问题归结于外在，比如时运不济，天资不够等。持这种观点的人，只看到问题，却看不到解决问题的方法；只看到困难，却看不到自己的力量；只知道哀叹，却不去尝试努力解决问题。这样的人永远也不可能成功。

为此，为成功奋斗的人们，从现在起，你需要树立一个正确的理念，并调动所有的潜能并加以运用，便能脱离平庸的人群，步入精英的行列。你可以记住几点：

1.关注未来，不要满足于现状

独具慧眼的人，往往不会被眼前的蝇头小利而放弃追求梦想的愿望，他们一般是用极有远见的目光关注未来。

2.为自己拟定各种阶段的目标与规划

长期目标（5年、10年或15年）：这个目标会帮你指引前进的方向，因此，这个目标能否树立好，将决定你在很长一段时间是否做有用功。当然，长期目标还要求我们不拘泥于小节。东西离你越远，就显得越不重要。

中期目标（1~5年）：也许你希望自己能拥有房子、车子，能升职等，这类愿望就属于中期目标。

短期目标（1~12个月）：这些目标就好比是一场淘汰制比赛中的胜出，能鼓舞你不断努力、不断前进。这些目标提示你，成功和回报就在前方，只需鼓足干劲，努力争取。

即期目标（1~30天）：一般来说，这是最具体的目标。它们是你每天、每周都要着手去做的事情。当你睁开眼睛醒来时，就需要告诉自己：今天我要达到什么样的突破，而当你有所进步时，它能不断地给你带来幸福感和成就感。

3.不要把梦停留在"想"上

梦想可以燃起一个人的所有激情和全部潜能，载你抵达辉煌的彼岸。但有了梦想，不要只把"梦"停留在"想"，一定要付诸行动，这才可以带给你真正的成功。

参考文献

[1] 白辂.破格：强者思维与人生跃迁[M].北京：机械工业出版社，2020.

[2] 布鲁门塔尔.强者思维[M].康林花，译.北京：中信出版社，2013.

[3] 卡耐基.做内心强大的自己[M].孙晶玉，编译.北京：新世界出版社，2012.